Das Buch

Seit mehr als einem Jahrzehnt gilt die Fernsehserie ›Querschnitte‹ als Beispiel spannender und verantwortungsbewußter Wissenschaftsjournalistik. Unter dem Titel ›Dimensionen des Lebens‹ ist bereits eine Anzahl von Sendungen dieser Reihe in Buchform erschienen. Im vorliegenden Band sind zehn weitere erfolgreiche Beiträge zusammengefaßt: Vom Geheimnis der Pyramiden bis zu den Wurzeln des astrologischen Aberglaubens, von den Grundlagen der Evolutionstheorie bis zu den Fragen der Zugvogelorientierung und der Tiersprache, von den Möglichkeiten der Erdbebenvorhersage bis zur Alternsforschung reicht die Liste interessanter wissenschaftlicher Themen, die hier in verständlicher und fesselnder Form dargestellt werden. Dabei wird deutlich, daß die Wirklichkeit umso faszinierender ist, je mehr man von ihr begreift, und daß es sinnlos ist, das Übernatürliche zu bemühen, wo kritischer Verstand viel angebrachter wäre.

Die Autoren

Hoimar v. Ditfurth, geboren 1921, ist Professor für Psychiatrie und Neurologie. Er gehört seit vielen Jahren zu den erfolgreichsten deutschen Wissenschaftsjournalisten. Veröffentlichungen u. a.: ›Kinder des Weltalls‹ (1970), ›Im Anfang war der Wasserstoff‹ (1972), ›Zusammenhänge. Gedanken zu einem naturwissenschaftlichen Weltbild‹ (1974), ›Der Geist fiel nicht vom Himmel‹ (1976), ›Wir sind nicht nur von dieser Welt‹ (1981).
Volker Arzt, geboren 1941, ist Diplom-Physiker. Als Wissenschaftsjournalist und Fernsehmoderator arbeitet er unter anderem mit an der Zeitschrift ›Bild der Wissenschaft‹ und an der Sendereihe ›Technik für Kinder‹.

Hoimar v. Ditfurth/Volker Arzt:
Querschnitte
Reportagen aus der Naturwissenschaft

Deutscher
Taschenbuch
Verlag

dtv

Von Hoimar v. Ditfurth
sind im Deutschen Taschenbuch Verlag erschienen:
Dimensionen des Lebens (1277; zusammen mit Volker Arzt)
Der Geist fiel nicht vom Himmel (1587)
Im Anfang war der Wasserstoff (1657)

Im Text ungekürzte Ausgabe
Januar 1982
Deutscher Taschenbuch Verlag GmbH & Co. KG,
München

ISBN 3-455-08909-7
Titel der Originalausgabe:
›Querschnitt. Dimensionen des Lebens II‹
Umschlaggestaltung: Celestino Piatti
Umschlagfoto: Tierbilder Okapia (F. Merlet)
Gesamtherstellung: C. H. Beck'sche Buchdruckerei,
Nördlingen
Printed in Germany · ISBN 3-423-01742-2

Inhalt

Eine Lanze für die Wissenschaft (Anstelle eines Vorworts)

Was »Wissenschaft« eigentlich ist, läßt sich keineswegs so einfach definieren, wie mancher glaubt. Und hinsichtlich der Bedeutung, die speziell die Naturwissenschaft für den einzelnen oder die menschliche Gesellschaft hat, gehen die Meinungen in unseren Tagen weiter auseinander als je zuvor.

Da gibt es die einen, die, immer noch, unbeirrt daran festhalten, daß die Naturwissenschaft, und sie allein, berufen sei, alle die Probleme zu lösen, denen sich die Menschheit heute gegenübersieht: angefangen von Krankheit, Hunger, Überbevölkerung und Armut bis hin zu den in uns selbst steckenden Problemen, wie sie in der uns angeborenen Aggressivität am deutlichsten zum Ausdruck kämen. Dieser Meinung widersprechen jene, die nicht ohne Grund darauf hinweisen, daß einige der dringlichsten Menschheitsprobleme ganz im Gegenteil nichts anderes als eine Folge eben jener Wissenschaft seien, die zu ihrer Lösung empfohlen werde: von der Zerstörung der Umwelt bis hin zur Entwicklung der technischen Voraussetzung für die Ausrottung der ganzen Menschheit. Schon gibt es erste, unübersehbare Symptome einer regelrechten Wissenschaftsfeindlichkeit. In extremen Zirkeln macht das Wort von der Unausweichlichkeit eines »Sturms auf die Laboratorien« die Runde, der allein den Irrweg beenden könne, auf den sich unsere Gesellschaft unter der Anführung der Naturwissenschaften begeben habe.

Was also ist sie nun, die Wissenschaft: Stütze und Stab auf dem Weg unbegrenzten Fortschritts oder verführerisches Irrlicht, dem wir nicht länger folgen dürfen, wenn wir uns nicht immer tiefer in eine Entwicklung verstricken wollen, an deren Ende die totale Verwüstung der Natur und die Zerstörung aller kulturellen Werte stehen würde?

Es ist, wie ich glaube, höchste Zeit, die Beteiligten an dieser immer hitziger werdenden Diskussion in unser aller Interesse darüber aufzuklären, daß die Frage, über die sie streiten, falsch gestellt ist. Wissenschaft, auch Naturwissenschaft, ist weder das eine noch das andere, weder ein Mittel zur Lösung aller unserer Probleme noch die Wurzel aller Übel unserer an Übeln so reichen Epoche. Naturwissenschaft ist etwas total anderes: Sie ist nur zu verstehen als jene geistige Tätigkeit, mit Hilfe derer der Mensch sich im Wechselspiel von Theorie und Experiment Klarheit über die Rolle zu verschaffen sucht, in der er sich ohne sein Zutun im Kosmos vorfindet.

Wissenschaft ist damit eine im ursprünglichsten Sinne dieses Wortes »menschliche« Tätigkeit, jene Tätigkeit nämlich, durch die wir uns von allen anderen Lebewesen unseres Planeten am radikalsten unterscheiden. Wer, anders ausgedrückt, wissenschaftliche Betätigung verdammen, einschränken, überwachen oder schlicht »verbieten« will – alle diese Vorschläge sind heute bereits zu hören –, der muß sich darüber klar sein, daß er einen Bestandteil menschlichen Wesens unterdrücken oder zumindest zensieren will. Wer hier die Wurzel unserer Übel sucht, müßte, wenn er konsequent ist, nichts weniger als die Menschwerdung unserer Spezies beklagen und bereit sein, die Entwicklung seit jenem fernen Punkt für verfehlt zu halten, an dem unsere Vorfahren die Grenzen des Tierreichs überschritten.

Das staunende Fragen angesichts des nächtlichen Sternhimmels und des Rätsels der eigenen Existenz gehört zu den menschlichsten aller menschlichen Eigenschaften. Alle Zweige der heutigen Naturwissenschaften sind ihre Folge und als ihre Folge legitimiert, ohne jede Ausnahme oder Einschränkung.

Nun gibt es aber ohne allen Zweifel konkrete und mit jedem weiteren »Fortschritt« immer zahlreicher werdende Ergebnisse dieser »menschlichsten aller menschlichen Tätigkeiten«, die uns mit Recht unsicher machen oder sogar Angst einflößen: Nervengase, die Atombombe, immer schwerer zu kontrollierende Möglichkeiten einer elektronischen Überwachung der privaten Sphäre, um nur wenige Beispiele anzuführen. All das sind Bedrohungen und Gefahren, die es in einer »Welt ohne Wissenschaft« in der Tat nicht gäbe.

Wer sich deshalb jedoch in eine »wissenschaftsfreie« Welt wünschen sollte, der würde spätestens bei seiner Ankunft dort erschrocken entdekken, daß er nur die eine Hälfte der Wahrheit bedacht hatte. Denn »Folgen der Wissenschaft«, das sind nicht nur Nervengas, technische Vernichtungsmittel oder andere Scheußlichkeiten. Dazu gehören auch Antibiotika und schmerzbetäubende Medikamente. Dazu gehören nicht zuletzt auch jene uns längst selbstverständlich gewordenen Möglichkeiten des Reisens und eines fast unbegrenzten Informationszugangs, ohne den die individuelle Existenz für die meisten sofort auf den beschränkten Horizont des eigenen unmittelbaren Lebenskreises zusammenschrumpfen würde.

Müssen wir also – auch dies eine immer wieder gehörte Meinung – Umweltverschmutzung und atomare Bedrohung gleichsam als Kaufpreis dafür hinzunehmen bereit sein, daß wir nicht mehr, wie noch unsere Urgroßväter, ohnmächtig mit anzusehen brauchen, wie unsere Kinder durch Infektionen umgebracht oder von der Rachitis verkrüppelt werden? Dafür, daß wir selbst davor gesichert sind, einen verlagerten Weisheitszahn als nicht behebbare Ursache eines qualvollen Todes akzeptieren zu müssen?

Aber auch so ist die Frage immer noch falsch gestellt. Ob die im Atom steckende Energie dazu benutzt wird, eine Stadt zu beheizen oder auszulöschen, obliegt nicht der Entscheidung des Wissenschaftlers, sondern der des Politikers, und damit der Gesellschaft (und damit letztlich, aufgeteilt in lauter winzige und daher allzuleicht übersehene Anteile, der Entscheidung jedes einzelnen von uns). Ob man bestimmte organische Phosphorverbindungen als Insektizide im Kampf gegen den Hunger einsetzt oder ob man an dem gleichen Molekül jene geringfügige Veränderung vornimmt, die es zum menschheitsbedrohenden Nervengas macht, auch das ist keine wissenschaftliche, sondern eine politische Entscheidung, für welche die Gesellschaft die Verantwortung zu tragen hat, auch dann, wenn sie diese Verantwortung nicht erkennt und die Dinge treiben läßt.

Wer »der Wissenschaft« – oder gar, noch naiver, »dem Wissenschaftler« – die Schuld an den von unserer technischen Zivilisation heraufbeschworenen Gefahren in die Schuhe schieben will, der drückt sich im Grunde also nur vor seiner eigenen Verantwortung, die er nicht wahrhaben will. Er überdeckt mit seiner Entrüstung lediglich das eigene moralische Versagen und das seiner Gesellschaft.

Wer die negativen Möglichkeiten wissenschaftlicher Entdeckungen dadurch bekämpfen will, daß er die Möglichkeit zu wissenschaftlichen Entdeckungen generell einschränkt oder gar aufhebt, spricht sich im Grunde für die Entmündigung des Menschen aus. Denn »Messer, Schere, Feuer und Licht«, so lehrt schon das Sprichwort, soll man nur den kleinen Kindern wegnehmen, die für den Umgang mit potentiell sowohl nützlichen wie auch gefährlichen Dingen noch nicht reif sind.

Vielleicht gilt das in der Tat für die Menschheit insgesamt? Vielleicht sind wir im augenblicklichen Zustand unserer Entwicklung tatsächlich insofern relativ unmündig, als unsere moralische Qualität hinter den Erfordernissen zurückbleibt, die sich aus der vor kurzem noch ungeahnten Erweiterung unseres »Könnens« ergeben? Wer könnte die Möglichkeit bestreiten, daß sich das atomare Feuer in unseren Händen für einen außerirdischen Beobachter ausnehmen würde wie für uns die brennende Kerze in der Hand eines Kleinkindes?

Wenn es wirklich so wäre, auch dann wäre es widersinnig, die Schuld für diese Situation bei »der Wissenschaft« zu suchen. Dann wäre die Neigung, die Verantwortung nicht bei sich selbst zu suchen, sondern sie anderen Instanzen zuzuschieben, nur als weiteres Symptom einer moralischen Infantilität zu beurteilen. Noch einmal und in aller Deutlichkeit: Die heute vielerorts spürbare Wissenschaftsfeindlichkeit, die »antiwissenschaftliche Entrüstung«, die selbst in manchen akademischen Kreisen *en vogue* ist, ist nichts anderes als das Resultat eines Verdrängungsmechanismus. Verdrängt wird die Einsicht in die eigene Verantwortung angesichts der Möglichkeit eines Scheiterns unserer Gesellschaft im Umgang mit den Folgen wissenschaftlicher Erkenntnis.

Hoffen wir, daß die Befürchtungen übertrieben sind. Hoffen wir, daß wir für das Überleben unserer Gesellschaft nicht den Preis geistiger Selbstverstümmelung zu zahlen haben werden. Die Folgen einer selbst auferlegten Entmündigung in Form einer gesellschaftlichen Zensur oder gar eines Verbots wissenschaftlicher Betätigung wären unausdenkbar. Denn es ginge dabei eben nicht bloß, wie mancher naive Sozialromantiker heute in nostalgischer Verblendung allen Ernstes zu glauben scheint, um eine Einschränkung des Lebensstandards und den Verzicht auf allerlei entbehrlichen Komfort. Es ginge um weit mehr. Es ginge um den Verlust einer grundsätzlichen Dimension menschlichen Wesens. Ein Verzicht auf wissenschaftliche Erkenntnis wäre gleichbedeutend mit dem Verzicht des Menschen auf die Verwirklichung seiner geistigen Existenz.

Daß diese unausweichliche Konsequenz noch immer von viel zu wenigen erkannt wird, liegt daran, daß in unserer Gesellschaft viel zu wenige jemals gelernt haben, zwischen dem Wesen wissenschaftlicher Erkenntnis und den Folgen ihrer Anwendung zu unterscheiden. Von jeher ist mir das simple Beispiel des Blitzableiters besonders geeignet erschienen, diesen Unterschied anschaulich und, hoffentlich, ein für alle Male vor Augen zu führen:

Selbstredend bedurfte es wissenschaftlicher Forschung und daraus resultierender Erkenntnisse, bis man aufgrund des Wissens über elektrische Felder und Ladungen auf den Einfall kommen konnte, sein Dach durch die Anbringung eines mit dem Erdreich verbundenen Leiters vor Blitzeinschlag zu schützen. Dennoch ist der Blitzableiter, ungeachtet seiner unbestreitbaren Nützlichkeit, nicht das eigentliche, nicht einmal das wichtigste Resultat der zu seiner Entwicklung führenden wissenschaftlichen Erkenntnisse. (Er ist lediglich eine Konsequenz ihrer praktischen Anwendung.)

Das wichtigste Resultat der Erkenntnisse, die dann u. a. auch zur Erfindung des Blitzableiters führten, hat sich in einer ganz anderen Dimension abgespielt, nämlich im geistigen Raum. Es bestand in der Reduktion des mit seinem Blitz auf den Menschen zielenden Dämons, vor dem sich die Zeitgenossen bis dahin gefürchtet hatten, auf ein dem menschlichen Verstand begreifbares Naturgesetz. Der entscheidende geistige Vorgang in diesem Zusammenhang war also eine »Bewußtseinsänderung«. Eine Erweiterung des menschlichen Wissens über die eigene Stellung in der Gesamtheit der Natur.

Mancher glaubt nun, daß Naturwissenschaft die Natur »entzaubere«. Wer das befürchtet oder argwöhnt, überschätzt die Möglichkeiten des menschlichen Verstandes bei weitem. Gewiß, die Wissenschaft vertreibt die Dämonen aus der Natur. Aber erst wenn das geschehen ist, werden die Götter sichtbar. Anders ausgedrückt: Im Verlaufe und als Folge wissenschaftlichen Erkenntnisfortschritts nimmt die Zahl der Welträtsel nicht ab. Die eigentlichen Wunder dieser Welt werden überhaupt erst sichtbar, wenn wissenschaftliche Forschung die Vorhänge menschlicher Vorurteile, abergläubischer Vermutungen und Denkgewohnheiten hinwegräumt.

Seit nunmehr acht Jahren versuchen wir, in der Reihe ›Querschnitt‹ diesen entscheidend wichtigen und dabei doch noch immer meist übersehenen Aspekt naturwissenschaftlicher Forschung spürbar werden zu lassen. Ohne theoretische Erklärung selbstverständlich, an immer neuen

Beispielen, einfach dadurch, daß möglichst in jeder einzelnen Sendung vorgeführt wird, wie sich in der Wissenschaft mit jeder einzelnen Antwort die Zahl der Fragen, der Anlässe zum Staunen, insgesamt immer weiter vermehrt. In der Hoffnung, dem Zuschauer zu zeigen, daß Wissenschaft nicht gewissermaßen durch rationale »Erledigung« die Zahl der Wunder dieser Welt fortwährend verringert, sondern daß eine wissenschaftliche Betrachtung der Natur und des Menschen überhaupt erst die Augen für das eigentliche Wundern, für die Frage nach der Ursache und dem Grund der Dinge öffnen kann.

Noch ein Wort zur Autorenschaft dieses Buches: Auch diesen Band hat – wie schon den 1974 unter dem Titel ›Dimensionen des Lebens‹ mit einer Auswahl von Sendungen der ZDF-Reihe ›Querschnitt‹ erschienenen ersten Band – Volker Arzt geschrieben. Daß ich auch als Autor verantwortlich zeichne, erklärt sich einfach aus der Art unserer Zusammenarbeit: Volker Arzt hat seinem Manuskript die von mir konzipierten Sendungen und gelegentlich auch Teile des von mir in den Sendungen frei gesprochenen Textes zugrunde gelegt.

Noch einen Namen möchte ich hier zum Schluß erwähnen: Wolfgang Bruns, ebenfalls von Anfang an bei ›Querschnitt‹ dabei und als Regisseur verantwortlich für die optische Gestaltung und Dramaturgie. Daß der Zuschauer dem Ergebnis in der Regel die Mühe nicht mehr ansieht, die er in wochenlanger Arbeit in jede Sendung zu investieren pflegt, ist durchaus beabsichtigt und beweist nur die Meisterschaft, mit der Wolfgang Bruns sein Handwerk beherrscht.

Staufen, den 2. Juli 1978 Hoimar v. Ditfurth

Gibt es ein Geheimnis der Pyramiden?
Die Fragen

Er nannte sich stolz »Champion der Großen Pyramide«. Sein Rekord: in 7 Minuten 48 Sekunden zur Spitze der Cheopspyramide und zurück. Und um dies glaubhaft zu unterstreichen, hatte unser Führer seinen grauen Kaftan eingetauscht gegen eine zünftige Fußballerhose, ein annähernd weißes Sporthemd und Turnschuhe – gerade so, als gelte es, eine neue Bestleistung aufzustellen.

Doch der Pyramiden-Champ mahnte zur Bedächtigkeit. Eile mit Weile! – rief er uns immer wieder zu, während wir ihm keuchend Stufe um Stufe nachkletterten. Stufen! Als ob es sich um Treppensteigen handelte! Die »Stufen« der Cheopspyramide sind mächtige Steinquader, höher als ein Schreibtisch, zum Teil abgeschlagen, zerstört – mitunter aber auch übereinandergeschoben, so daß man mehrere auf einmal überwinden muß (Abb. 1). Ohne Schwindelfreiheit, ohne Schweiß und Anstrengung ist die größte aller Pyramiden nicht zu besteigen – dieses gigantische Grabmal, das vor viereinhalbtausend Jahren der Pharao Cheops, Gottkönig über Ober- und Unterägypten, für sich errichten ließ. Es ist kaum vorstellbar – und angesichts der eigenen Atemlosigkeit auch fast beschämend –, daß jeder dieser Steinquader einmal durch Menschenkraft an Ort und Stelle gebracht und verlegt wurde. Jeder Block mit einem Durchschnittsgewicht von zweieinhalb Tonnen – soviel wie zwölf Klaviere. Die größten bis zu 15 Tonnen. Und dies zweimillionenvierhunderttausendmal! 2,4 Millionen solcher Felsquader wurden aufeinandergetürmt zu einem geometrischen Gebirge aus Stein, zum mächtigsten Bauwerk der Erde. Selbst der größte Kirchenbau aller Zeiten, der Petersdom in Rom, würde völlig im Innern der Cheopspyramide verschwinden. Und aus ihrem Gesteinsmaterial – zusammen mit dem der beiden Nachbarpyramiden – könnte man eine 30 Zentimeter dicke und drei Meter hohe Mauer um ganz Frankreich errichten; das zumindest hat Napoleon ausgerechnet, während er seine Generale zur Spitze klettern ließ.

Aber nicht purer Gigantismus ist es, der die Pyramiden Jahrtausende überdauern ließ, sondern bewundernswerte Präzision: Wären die riesigen Steinquader nicht säuberlich rechtwinklig aus dem Fels geschnitten, wären sie nicht exakt nach einem genialen Konstruktionsplan verlegt: Die Pyramiden Ägyptens wären längst zu Trümmerhaufen zerfallen.

1 Besteigung der Cheopspyramide mit Kameragepäck. Rund 2,4 Millionen Steinquader türmen sich auf eine Höhe von 138 Metern.

10 Millionen Tonnen Stein für drei Tote

Sie sind die ältesten und zugleich mächtigsten Bauwerke der Erde. Sind sie vielleicht auch die geheimnisvollsten? Ohne Zweifel wurden sie als Grabmäler für Pharaonen errichtet, aber ist dies wirklich die ganze Erklärung? Die Erklärung für ihre Existenz? Für ihre Größe? Ihre Form?

Als wir in 138 Meter Höhe das kleine Gipfelplateau der Cheopspyramide erreichten, verstummte selbst unser Führer: Wortlos, mit großer Geste, legte er uns das Niltal zu Füßen, die Riesenstadt Kairo in der Ferne, die endlose Wüste und – all dieses weit übertreffend – die Nachbarpyramide des Pharaos Chefren: Als riesiger Kristall ragt sie aus dem Wüstensand. Wucht und Größe treten zurück, es dominiert die exakte geometrische Dimension des Bauwerks, die zwingende Gesetzmäßigkeit der Winkel und Flächen: die Pyramiden*form*. Verstärkt noch im oberen Drittel, wo die polierte Kalksteinverkleidung bis heute erhalten ist und die ursprüngliche Glätte und Ebenmäßigkeit der Fassade erahnen läßt (Abb. 2).

Ihr Erbauer, der Pharao Chefren, war ein Sohn des Cheops, und über sein Aussehen sind wir heute noch, nach mehr als viereinhalb Jahrtausenden, bestens im Bilde: Eine lebensgroße Steinplastik zeigt sein individuelles, unverwechselbares Porträt, das der Bildhauer aber zugleich mit erhabenen, fast entrückten Zügen versehen hat – wie es einem Gottkönig gebührt (Abb. 3). Derselbe Gesichtsausdruck tritt einem nochmals beim Bewacher der Pyramide entgegen, beim steinernen Sphinx. Chefren ließ den 73 Meter langen riesigen Löwenleib aus dem Fels hauen und mit seinen eigenen Gesichtszügen versehen.

Neben den großen Pyramiden von Cheops und Chefren – den beiden größten überhaupt – wirkt die Pyramide des Mykerinos, die ebenfalls auf dem Wüsenplateau über dem Dorf Gizeh steht, wie noch nicht ausgewachsen. Mit 69 Meter Höhe erreicht sie nur ein Zehntel des Volumens der Cheopspyramide. Aber gerade dieser Zwerg unter den Pyramiden von Gizeh veranschaulicht seine Masse und Dauerhaftigkeit auf besondere Weise: Im Jahre 1215 n. Chr. gab der Kalif Malek al-Azis Othman den

2 Die Pyramide des Pharao Chefren. Im oberen Drittel ist die ursprüngliche Kalksteinverkleidung noch gut erhalten.

3 Lebensgroße Skulptur des Pharao Chefren. Die Gesichtszüge Chefrens finden sich wieder beim Sphinx, dem Wächter seines Grabmals.

Befehl, die Pyramiden von Gizeh zu schleifen. Vorsichtshalber ließ er mit der kleinsten beginnen. Eine riesige Arbeiterschar, die er im ganzen Lande abgeworben hatte, machte sich daran, Stein um Stein aus dem Baukörper herauszubrechen – acht Monate lang. Dann gab man auf. Der Kalif hatte die »kleine« Mykerinospyramide hoffnungslos unterschätzt: Alles, was das Unternehmen am Ende erbrachte, war ein häßliches, schlitzartiges Loch in der Nordflanke (Abb. 4). So leicht schleift sich keine Pyramide!

Als die Mykerinospyramide ihre »Schramme« abbekam, hatten in Europa noch kein Kopernikus und Galilei gelebt. Die Buchdruckerkunst war nicht erfunden, Amerika nicht entdeckt. Die Reformation sollte erst 300 Jahre später stattfinden. Aber damals schon waren die Pyramiden unvorstellbar alt, Monumente einer vergangenen Epoche, die niemand mehr zu datieren wußte. Wie weit die Errichtung der Pyramiden tatsächlich zurückliegt, macht erst der Vergleich mit anderen historischen Ereignissen deutlich.

Als Cäsar und Kleopatra die Pyramiden von Gizeh bestaunten, waren sie für die beiden so antik wie für uns heute das Forum Romanum oder die Akropolis in Athen. Selbst der griechische Geschichtsschreiber Herodot, der ungefähr 440 v. Chr. Ägypten besuchte, erfuhr nur vage Schätzungen über Herkunft und Alter der Pyramiden. Zu Zeiten Davids und Homers lag ihre Entstehung schon gut 2000 Jahre zurück, und als Moses die Zehn Gebote niederschrieb, da hatten die Pyramiden bereits mehr als 1000 Jahre überdauert.

Nach allem, was wir wissen, ließ Cheops seine Pyramide um 2650 v. Chr. ausführen. Aber schon wenige hundert Jahre weiter zurück verliert sich die Geschichte der Ägypter im Dunkel der Vorzeit. Übergangslos, wie es scheint, traten sie aus der Anonymität der Nichtgeschichte heraus, und als eine ihrer ersten Taten – gleichsam als Meilensteine ihrer neuen Kulturgeschichte – türmten sie Millionen von Steinquadern aufeinander. Wozu? Was mag der Antrieb für diesen ungeheuren Kraftakt eines Volkes gewesen sein, für die wahre Baubesessenheit seiner Pharaonen? Die Pyramiden von Gizeh entstanden innerhalb eines einzigen Jahrhunderts! Wirklich nur als Gräber? Sind gut 10 Millionen Tonnen bearbeiteten Kalksteins nicht etwas viel für nur drei Tote?

Kornspeicher oder Schatzkammer?

Die augenscheinliche und so irritierende Nutzlosigkeit der Pyramiden hat seit jeher zu Deutungsversuchen herausgefordert. Aber gerade unsere Zeit sollte Verständnis dafür aufbringen, daß es für technische Großleistungen Motive gibt, die nicht im unmittelbaren Nutzen liegen. Sind 25 Milliarden Dollar und 450 000 Beschäftigte, so müßten wir entsprechend

4 Ein häßliches Loch in der Nordflanke der Mykerinospyramide erinnert an den Versuch aus dem Jahre 1215, das Bauwerk niederzureißen.

fragen, nicht etwas viel, um eine Handvoll Leute auf den Mond zu bringen? Auch dieses großtechnische Abenteuer wurde nicht des Nutzeffektes wegen unternommen – dies macht eine kritische Rückschau immer deutlicher –, sondern letztlich ging es darum, die eigene technische Leistungsfähigkeit auszutesten, das, was technisch machbar schien, auch zu machen. Und dahinter stand das Selbstgefühl einer Nation mit dem Wunsch, einen bleibenden Meilenstein in der Geschichte der Menschheit zu setzen. Vielleicht verbindet uns dies psychologisch über Jahrtausende hinweg mit den alten Ägyptern. Vielleicht

Rechte Seite

5 Thronsessel aus dem Grab Tut-ench-Amuns (Ausschnitt). Die Rückenlehne ist mit Gold und Edelsteinen verziert und zeigt den Pharao mit seiner Gemahlin.

folgten sie demselben Grundantrieb, als sie ihre technischen Großprojekte in Angriff nahmen.

Aber selbst, wenn man dies als psychologisches Motiv ernst nimmt, ohne einen für jedermann einleuchtenden vordergründigen Sinn und Zweck hätten wohl kaum Zehntausende von Arbeitern die Anstrengungen des Pyramidenbaus auf sich genommen und sich freiwillig (keineswegs als Sklaven!) der straffen Bauleitung untergeordnet. Worin konnte dieser zweckdienliche Sinn der Pyramiden liegen?

Im Mittelalter hielt man sie – ungeachtet der Tatsache, daß sie als Massivbauwerke kaum Innenraum boten – für jene Kornspeicher des biblischen Joseph, wo er während der berühmten »sieben fetten Jahre« das Getreide aufbewahren ließ.

Alten arabischen Berichten zufolge wurden die Pyramiden als eine Art Schutzbunker vor der Sintflut errichtet. Dort hätten die Ägypter ihr gesamtes Wissen eingelagert, um es so vor der großen Flutkatastrophe zu retten und der Nachwelt zu erhalten. Nicht anders sollen sie mit ihren unermeßlichen Gold- und Schmuckschätzen verfahren sein. Tatsächlich spricht ja die über Jahrtausende anhaltende Fündigkeit der Grabräuber für eine solche Ansicht, und die Fülle von Reichtümern, die man im einzigen unberührten Pharaonengrab – dem relativ unbedeutenden Tutench-Amun – fand (Abb. 5), lassen etwas von der atemberaubenden »Normalausstattung« eines Pharaonengrabes erahnen. Waren die Pyramiden nicht nur als Grabmäler gedacht, sondern von vornherein auch als Zweckbauten? Als gigantische Schatzkammern?

Eine Reihe von anderen, mehr oder weniger geheimnisvollen Sinngebungen sind gerade in jüngster Zeit wieder in Mode gekommen. Sie betreffen vor allem die Cheopspyramide: Als astronomisches Observatorium möchten sie manche sehen, als überzeitliches »Eichamt«, in dem die Urmaße der Welt verschlüsselt sind, als geodätisches Zentrum zur Erdvermessung oder gar als geheimnisvollen Kollektor für unbekannte Strahlen.

Ohne Rad und Flaschenzug

Wozu immer auch die Pyramiden erbaut wurden, fest steht, daß sie erbaut wurden. Und schon dies ist erstaunlich genug. Denn die Technik der alten Ägypter hatte gerade erst den Standard der Steinzeit hinter sich gelassen. Mit Sicherheit kannten sie weder Rad noch Flaschenzug, noch Eisenwerkzeug, geschweige denn irgendeine Art von Maschinen. Es war keine technische Revolution vorausgegangen, die den Bau der Pyramiden eingeleitet und ermöglicht hätte.

Auch hier übrigens eine Parallele zum Apollo-Projekt, das ja ebenfalls durch die Ausweitung bekannter Technologien auf riesige Dimensionen

6 Die Bearbeitung von Holz und Kalkstein. Relief aus dem Grab des Ti in Sakkara, um 2650 v. Chr.

zustande kam und nicht etwa durch neuartige Antriebssysteme oder andere revolutionäre Erfindungen. In beiden Fällen hieß das Schlüsselwort für den Erfolg: Organisation. Doch davon später.

Wie einfach die technischen Hilfsmittel der alten Ägypter tatsächlich waren, können wir aus einzelnen Funden, vor allem aber aus unzähligen Grabmalereien entnehmen, in denen sie ihr Alltagsleben darstellten (Abb. 6): Seile und Taue aus Papyrus, einfache Hebel und Holzbalken, Bronze- und Kupferwerkzeuge, darunter Sägen und Meißel. Zur Bestimmung der Senkrechten dienten Lote, und zum Anpeilen entfernter Punkte waren einfache »Visierlatten« im Gebrauch. Diese sogenannten »Bays« waren zwar primitiv, aber doch recht wirkungsvoll: Eine gerade Palmrippe mit einem V-förmigen Einschnitt am Ende, durch den man – wie durch die Kimme beim Gewehr – den Zielpunkt anvisieren konnte.

Einen anderen Hinweis auf den recht bescheidenen technischen Standard der Pyramidenbauer entnehmen die Archäologen dem heutigen Ägypten. Dort hat sich auf den ländlichen Dörfern die Lebensweise und besonders der Umgang mit technischem Gerät seit Jahrtausenden nur wenig verändert. Heute wie damals hängt das Wohlergehen vom Nil ab. Sein Wasser gilt es, auf die Felder zu verteilen, und so wird es durch einfachste Schöpfeinrichtungen – oft sind es nur Eimer an einem Hebelbaum – in ein Netz von Kanälen, Gräben und Rinnen geleitet. Nicht anders als Tausende von Jahren zuvor. Und so wie der heutige Fellachenbauer sein Ochsenpaar vor den primitiven Hakenpflug spannt (Abb. 7), so hielten es schon die altägyptischen Künstler auf ihren Grabmalereien fest. Und nicht nur dies: Dort worfelt man auch das Getreide in derselben Weise wie heute, holt das Wasser krugweise vom Brunnen, mästet Sing- und Wasservögel als Leckerbissen oder trocknet Lehmziegel an der Luft.

Andere Parallelen zwischen damals und heute kann man nur vermuten: Vielerorts wird in Ägypten der Mörtel noch mit Mitteln gemischt, wie sie auch einem Cheops oder Chefren zur Verfügung standen: Sechs Mann ziehen an einem Seil, das um den Schaft einer Schaufel geknotet ist. Ein siebenter lenkt die so bewegte Schaufel durch Sand, Kies, Zement und mischt das Ganze durcheinander. Ein achter gibt Wasser zu, ein neunter den Rhythmus an.

Ein weiteres Beispiel, das deshalb interessant ist, weil es wahrscheinlich die Antwort auf eine immer wieder vorgebrachte Frage liefert: Wie konnten die ägyptischen Künstler in den stockfinsteren Grabräumen überhaupt arbeiten? Woher nahmen sie das Licht, um die Wände mit Reliefs und Fresken zu versehen? Fackeln, Kerzen oder Öllampen scheiden aus, es gibt keinerlei Spuren von Ruß. Aber man muß deshalb den alten Ägypterns nicht gleich »geheimnisvolle Technologien« oder »elektrisch Licht« unterstellen. Im Grab des Menena, direkt über dem alten Theben, belehren zwei Dorfbewohner jeden Besucher über eine andere Möglichkeit: Mit Hilfe eines Spiegels leitet der eine das Sonnenlicht durch den Grabeingang nach innen, und dort hantiert der andere so geschickt mit einem zweiten Spiegel, daß auf Wunsch jede Wand und jeder Winkel angestrahlt werden können – ausreichend hell sogar für Fotos und Filmkameras.

Beweise gibt es nicht – aber warum sollte dieses denkbar einfache Verfahren nicht schon vor Jahrtausenden angewandt worden sein? Insgesamt ist der Umgang mit technischem Gerät – vor allem in der Landwirtschaft und beim Hausbau – bei der einfachen Dorfbevölkerung Ägyptens durch Jahrtausende hindurch so auffallend gleichgeblieben, daß man den technischen Standard zur Zeit des Pyramidenbaus schwerlich höher ansetzen kann als den heutigen.

Götter statt Geodäten?

Doch je mehr Gründe man anführt für die bescheidenen Hilfsmittel der alten Ägypter, um so unverständlicher, ja um so paradoxer muß erscheinen, was sie damit erreicht haben: Die Pyramiden von Gizeh enthalten mehr Baumaterial als der Hoover Damm, der höchste Staudamm der

7 Gepflügt wird wie vor Jahrtausenden mit dem Hakenpflug.

Erde. Läßt sich diese Leistung überhaupt noch auf rationale Weise erklären oder muß man zu Argumenten greifen, mit denen zum Beispiel Erich von Däniken dieses Problem zu lösen versucht:

»Es wird behauptet, die Große Pyramide bestehe aus rund 2,4 Millionen Steinblöcken, und diese seien in 20 Jahren zusammengebastelt worden. Teilen Sie 2,4 Millionen durch 20, Sie haben dann 120000 Blöcke pro Jahr. Nehmen Sie ein Jahr von 300 Arbeitstagen, das ergäbe 400 Blöcke pro Tag. Und schließlich einen Arbeitstag von 13 Stunden – Sie hätten immer noch alle zwei Minuten (!) einen Stein transportieren, schleifen und an Ort setzen müssen . . . Ich habe guten Grund zur Annahme – dies ergibt sich vorwiegend aus Mythologien –, daß die alten Ägypter ein Wissen besaßen, eine Technik verwendeten, die wieder verloren ging. Dieses Wissen und diese Technik ist meiner Meinung nach außerirdisch.«

Erich von Däniken ist weder der erste noch der einzige, der nicht glauben mag, daß die Pyramiden von irdischer Machart sind.

Schon vor über 100 Jahren veröffentlichte John Taylor, Buchhändlersohn und Redakteur des Londoner Observer, ein Buch unter dem Titel

›The Great Pyramid. Why was it built and who built it?‹. Er vertrat darin die Meinung, die Cheopspyramide sei von einem fremden Volk unter der direkten Anleitung Gottes erbaut worden. Seine Behauptung stützte er in erster Linie auf bestimmte merkwürdige Proportionen, die er in den Abmessungen der Pyramide fand, und auf die verblüffende Genauigkeit, mit der dieses Bauwerk ausgerichtet ist.

Tatsächlich sind die beschriebenen Besonderheiten so auffällig und charakteristisch, daß man sie nicht übergehen kann. Sie verlangen nach einer Erklärung.

Als erstes war Taylor aufgefallen – und spätere Untersuchungen bestätigten dies –, daß die Pyramiden exakt nach Norden ausgerichtet sind. Ihr Grundrißquadrat ist so gelegt, daß zwei der Quadratseiten genau in Nord-Süd-Richtung verlaufen, die beiden anderen entsprechend in Ost-West-Richtung.

Bei der Cheopspyramide ist diese Orientierung am sorgfältigsten durchgeführt: Die Abweichung beträgt nicht mehr als fünfeinhalb Winkelminuten – weniger als ein zehntel Grad. Das bedeutet, daß die 230 Meter lange Grundseite am Ende nur um 36 Zentimeter aus der idealen Nordrichtung herausläuft.

Diese Präzision ist deshalb so erstaunlich, weil die alten Ägypter mit Sicherheit noch keinen Kompaß kannten, und auch das nächstliegende Verfahren, einfach den Polarstern anzuvisieren, kam für sie nicht in Frage: Damals, vor viereinhalbtausend Jahren, gab es keinen Polarstern! Oder, um es genauer zu sagen: Die Erdachse, die in einem langsamen Rhythmus von 26000 Jahren schwankt, zeigte damals in eine andere Richtung, in der weder unser heutiger Polarstern noch ein anderer sichtbarer Stern steht. Der Himmelsnordpol war zu dieser Zeit lediglich ein unsichtbarer Punkt im Schwarz des Nachthimmels.

Und dennoch operierten die alten Ägypter mit diesem unsichtbaren Punkt! Sie justierten nicht nur ihre Pyramiden nach Norden, sie führten auch den Einstiegsgang mit einer so bemessenen Neigung ins Pyramideninnere, daß er genau auf den Himmelspol zielte (Abb. 8). Wie sie dies fertigbrachten, wie sie ohne Kompaß und ohne Polarstern die wahre Nordrichtung ermitteln konnten, das war eine der Ungereimtheiten, die der Hypothese Nahrung gaben, es seien übernatürliche Kräfte mit im Spiel gewesen.

Ein weiteres, ebenso erstaunliches Beispiel: die Nivellierung der Pyramidenbasis. Obwohl die Pyramiden von Gizeh heute im Wüstensand zu stehen scheinen, wurden sie auf gewachsenem Fels gegründet – eine Voraussetzung für die Dauerhaftigkeit. Aber dieser Felsuntergrund wurde zunächst einmal eingeebnet, bevor man mit dem Bau begann, und zwar wiederum mit einer unglaublichen Präzision: Die diagonal gegenüberliegenden Ecken der Cheopspyramide unterscheiden sich in ihrer Höhe, wenn man sie mit modernsten Nivelliergeräten ausmißt, um nicht mehr als 15 Millimeter.

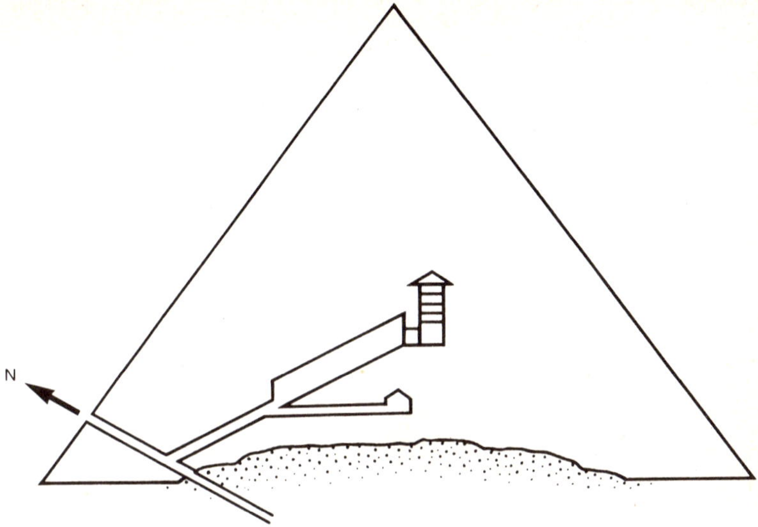

8 Schnitt durch die Cheopspyramide und deren Felsuntergrund.

Aber geodätische Instrumente standen den Ägyptern natürlich nicht zur Verfügung – nicht einmal in einfachster Ausführung. Und selbst damit wäre das direkte Anvisieren gegenüberliegender Ecken nicht möglich gewesen, da ein Felshöcker die Sicht versperrt hätte (Abb. 8). Diesen Felskern hatte man – weil er ja ohnehin im Innern der Pyramide verschwinden würde – zweckmäßigerweise stehen lassen und lediglich den umgebenden Felsen eingeebnet. Aber wie?

Die Genauigkeit, mit der dies geschah, scheint wieder auf eine rätselhafte und unerklärliche Technik zu verweisen. Dabei gibt es gerade hier eine recht naheliegende, einfache Erklärung, die davon ausgeht, daß die Ägypter von der Feldbestellung her hervorragende Bewässerungsexperten waren.

Rätsel um die Zahl Pi

Das vielleicht größte Geheimnis der Pyramiden aber liegt in ihren sogenannten Böschungswinkeln: Alle klassischen Pyramiden Ägyptens sind – von zwei bezeichnenden Ausnahmen abgesehen – gleich steil. Sie alle haben, bei unterschiedlicher Höhe, denselben Böschungswinkel von etwa 52 Grad, das heißt, ihre Seitenflächen laufen unter einem Winkel von 52 Grad zur Spitze (Abb. 9).

9 Die Pyramiden auf dem Wüstenplateau von Gizeh. Auffallend ist der gleiche Böschungswinkel bei allen Bauwerken.

Bei der Cheopspyramide, die ja besonders exakt und sorgfältig gebaut ist, beträgt dieser Winkel genau 51 Grad und 52 Winkelminuten – ein völlig »krumm« und willkürlich scheinender Wert. Aber das täuscht! Dieser Böschungswinkel hat die Ägyptologen bis in unsere Zeit vor ein unlösbares Rätsel gestellt. Und für John Taylor und seine heutigen »Kollegen« sind diese 51 Grad 52 Winkelminuten das stärkste Argument, geradezu der sichtbare Beleg für die übermenschliche Entstehungsgeschichte der Cheopspyramide. Was ist an diesem Winkel so geheimnisvoll und aufregend?

Bei einem Böschungswinkel von 51° 52′ – und nur bei diesem Winkel – tritt in den Pyramidenproportionen die aus der Mathematik bekannte und berühmte Zahl Pi auf (meist als griechischer Buchstabe π geschrieben). Die »Kreiszahl« Pi gibt an (dieser kurze Rückgriff auf die Schulmathematik sei erlaubt!), wie bei einem Kreis Umfang und Durchmesser zusammenhängen: Bei jedem beliebigen Kreis, ob so groß wie die Sonne oder so klein wie ein Pfennigstück, erhält man immer, wenn man Umfang durch Durchmesser dividiert, den Wert 3,14. Das ist die Kreiszahl Pi. Mathematisch exakt hat Pi den Wert $\pi = 3{,}14159\ldots$, wobei die Ziffernfolge hinter dem Komma endlos weiterläuft, ohne sich zu wiederholen. Pi ist, wie der Mathematiker es nennt, eine »irrationale Zahl«. Ausgerechnet diese seltsame Zahl aber liegt in den Abmessungen der Cheopspyramide verschlüsselt: Teilt man den Umfang der Pyramidenbasis (921,46

10 Die sogenannte Knickpyramide. Auf halber Höhe knickt sie ab und geht in einen flacheren Böschungswinkel über.

11 Die Stumpfe Pyramide. Sie ist von vornherein unter dem flacheren Böschungswinkel errichtet.

Meter) durch die doppelte Pyramidenhöhe (293,46 Meter), so erhält man 3,14! Das ist Pi – genau bis auf die zweite Dezimale hinter dem Komma! Oder anders formuliert: Die Cheopspyramide besitzt eine Art Verwandtschaft zum Kreis. Ihre Höhe und ihr Umfang sind genauso durch die Zahl Pi verbunden wie Radius und Umfang beim Kreis. Noch anders: In der Cheopspyramide ist die Quadratur des Kreises gelungen – bis auf ein Hundertstel genau. Das eigentlich Verblüffende ist jedoch, daß die Zahl Pi den Pyramidenkonstrukteuren mit Sicherheit unbekannt war. Erst tausend Jahre später taucht sie in einem Papyrus auf, im sogenannten Papyrus »Rhindt«, und auch dort nur als grober Näherungswert.

Wie kommt Pi in die Pyramiden? Spricht hier nicht wirklich vieles für die Einwirkung einer fremden Intelligenz, die auf diese Weise ein Zeichen für die Nachwelt setzen wollte? Oder kann man annehmen, daß das Ganze eine Sache des Zufalls ist? Es wäre ja denkbar, daß die erste Pyramide zufällig unter diesem »magischen« Böschungswinkel errichtet wurde und dann allen nachfolgenden als Vorbild diente.

Doch dagegen sprechen mindestens zwei Gründe. Erstens: Es gibt beliebig viele Pyramidenformen, die ästhetisch nicht minder befriedigen würden – etwas flachere oder etwas spitzere, darunter besonders die 60-Grad-Pyramide, die von der Ferne als gleichseitiges Dreieck erschiene. Aber unter allen denkbaren Pyramidenformen gibt es nur eine einzige mit der so sonderbaren Verwandtschaft zum Kreis, nämlich jene mit einem Böschungswinkel von 51° 52′. Und exakt diesen Winkel haben die alten Ägypter gewählt.

Die größte Ruine der Welt

Der zweite Grund, der gegen eine Zufälligkeit des Böschungswinkels spricht, wird paradoxerweise von den beiden einzigen Ausnahmen geliefert. Es handelt sich um die Pyramiden bei dem Dorf Dahschur, die unverkennbar von der üblichen Form abweichen: die sogenannte »Knickpyramide« (Abb. 10) und die »Stumpfe Pyramide«, die auch – wegen ihrer rötlichen Farbe – »Rote Pyramide« genannt wird (Abb. 11).

Die Knickpyramide ist in der unteren Hälfte zwar auch mit einer Neigung von etwa 52 Grad angelegt, in halber Höhe aber – daher ihr Name – knickt sie ab und verläuft unter dem wesentlich flacheren Böschungswinkel 43,6 Grad bis zur Spitze.

Die benachbarte Stumpfe Pyramide ist von vornherein unter diesem flachen Winkel errichtet und strahlt kaum etwas von der überragenden Kühnheit der sonstigen Pyramiden aus.

Wenn aber die Wahl des Böschungswinkels kein Zufall war, dann müßte sich auch ein Grund angeben lassen für die stumpfe Form der Pyramiden von Dahschur. Bei der Knickpyramide nahm man zuerst an, der

Pharao Snofru, der sie erbauen ließ, sei überraschend gestorben, und um der raschen Fertigstellung willen sei man zu einem flacheren Böschungswinkel übergegangen. Doch eine Überschlagsrechnung zeigt: Der Knick erbringt nur eine Materialersparnis von weniger als zehn Prozent. Es muß also etwas anderes gewesen sein, was zur Änderung des Bauplans führte. Aber was?

Erst vor kurzer Zeit hat der englische Wissenschaftler Kurt Mendelssohn hier eine überzeugende und dramatische Antwort gefunden: Das Abgehen vom üblichen Böschungswinkel war die Folge einer gewaltigen Baukatastrophe – vielleicht der größten, die es in der Geschichte der Menschheit gab.

Zentrales Beweisstück für Mendelssohns Theorie ist ein kolossaler, aus der Wüste ragender Steinsockel bei dem Dorf Mêdûm, nur 40 Kilometer von Dahschur entfernt (Abb. 12). Diese eindrucksvolle Ruine war den Ägyptologen seit jeher ein Rätsel gewesen, und man bezeichnete sie vorsichtig als »Scheinpyramide«. Wie war sie zu ihrer so auffallend bizarren Form gekommen? Die gängige Erklärung: eine durch Steinräuberei zerstörte und abgetragene Pyramide. Tatsächlich dienten alte Pyramiden oft jahrhundertelang als bequeme Steinbrüche. Große Teile Kairos sind beispielsweise aus den Verkleidungsblöcken der Pyramiden von Gizeh erbaut. Aber eine ganze Pyramide abzutragen – dies hat das Beispiel des Kalifen Malek al-Azis Othman gezeigt –, ist alles andere als einfach. Und vor allem: es gibt und gab in der Nähe von Mêdûm keine größere Ansiedlung, wo das Pyramidenmaterial hätte verbaut werden können.

Mendelssohn fand eine andere Lösung, als er vom allzu engen Pfad der Archäologie abwich und die Ruine aus der Sicht eines Bauingenieurs studierte. Dabei entdeckte er eine Reihe gravierender bautechnischer Fehler und erstellte – viereinhalbtausend Jahre nach der Bauausführung – einen technischen Mängelkatalog, der nur den einen Schluß zuläßt: Die Pyramide von Mêdûm ist kurz vor ihrer Fertigstellung in sich zusammengestürzt! Schlagartig, wie bei einem Erdrutsch, müssen Zehntausende von Steinen in Bewegung geraten und mit unvorstellbarer Wucht in die Tiefe gestürzt sein. Allein der Pyramidenkern hielt der Katastrophe stand und ragt seither als überdimensionaler Grabstein aus einem Trümmerkegel zermahlenen Kalksteins.

In der Tat, wenn das Unglück nicht zufällig bei Nacht eintrat, sind dabei Tausende von Arbeitern mit in die Tiefe gerissen und unter den Geröllmassen begraben worden. Vielleicht erfahren wir einmal Einzelheiten dieses Dramas, wenn der Trümmerberg rund um die Pyramide systematisch von Archäologen durchsucht wird.

Der Schock jedenfalls, den die Katastrophe von Mêdûm hinterließ, muß gewaltig gewesen sein und konnte nicht ohne Einfluß auf den weiteren Pyramidenbau bleiben. Unmittelbar davon betroffen war der Bau der Knickpyramide, die zu diesem Zeitpunkt gerade ihre halbe Höhe erreicht hatte. Unter dem Eindruck von Mêdûm gab man sofort den steilen Bö-

12 Die größte Ruine der Welt. Erst seit wenigen Jahren weiß man, daß diese Pyramide von Mêdûm einer Baukatastrophe zum Opfer fiel.

schungswinkel auf, mit dem man sorglos begonnen hatte, und ging zu dem flacheren Winkel von 43,6 Grad über. Die nächste Pyramide – unter demselben Pharao erbaut – wurde von vornherein als »Sicherheitsbau« unter diesem flachen Winkel angelegt. Verständlicherweise wollte man – durch das Desaster von Mêdûm gewarnt – keinerlei Risiko mehr eingehen.

Aber auch hier drängt sich natürlich die Frage auf, warum man gerade diesen Ersatzwinkel von 43,6 Grad gewählt hat – wiederum einen so seltsam »krummen« Wert! Jede Theorie über den Böschungswinkel der Pyramiden, soll sie überzeugend sein, müßte auch dies erklären können.

Mit der Knickpyramide und der Stumpfen Pyramide des Pharaos Snofru war jedoch die Ära der »Sicherheitsbauten« bereits wieder vorbei. Schon der nächste Pharao, der berühmte Cheops, kehrte wieder zum ursprünglichen Böschungswinkel zurück und realisierte ihn mit beispielloser Genauigkeit – allerdings erst, nachdem seine Baumeister entscheidende technische Verbesserungen eingeführt hatten. Wir werden darauf noch ausführlicher zu sprechen kommen. Hier geht es erst einmal darum, zu zeigen, daß die Pharaonen offensichtlich alles daransetzten, um doch noch den »magischen« Böschungswinkel von 51° 52′ zu verwirklichen. Von Zufall bei dieser Wahl kann also keine Rede sein!

Pyramidenschwindel

John Taylors Entdeckungen lösten einen regelrechten »Pyramidenboom« aus. Eine hektische Suche nach weiteren in der Cheopspyramide versteckten Maßen begann. Und man fand sie – wenngleich häufig erst nach großzügiger Ab- oder Aufrundung: Die Pyramidenhöhe von 146,73 Metern kam nach Multiplikation mit einer Milliarde dem mittleren Abstand Erde – Sonne verdächtig nahe – der beträgt nämlich 149600000 Kilometer. Ebenso wurde die mittlere Dichte des Erdballs sowie der Erddurchmesser aus den Pyramiden abgelesen. Sogar dem Standort bei Gizeh schrieb man eine wahrhaft globale Bedeutung zu: Just unter den Pyramiden soll der Schwerpunkt aller Landmassen der Erde liegen (was er beileibe nicht tut!).

Kurz: Es entstand eine Gemeinde, die davon überzeugt war, die Cheopspyramide sei der Schlüssel zu allen Geheimnissen der Erde und des Kosmos. Das ging sogar so weit, daß man aus den Maßen der Grabkammern und Gänge einen Kalender für die Zukunft ableitete – die sogenannten Pyramidenprophezeiungen, die allerdings an Bedeutung verloren, als sich die Zeitenläufte so gar nicht danach richten wollten.

Andere »Pyramidenoffenbarungen« aber erleben gerade heute ihre Wiederauferstehung, und es kommen ständig neue hinzu. So macht die Geschichte von der konservierenden und mumifizierenden Kraft der Pyramiden die Runde durch die einschlägige Literatur: Da hat ein gewisser Eric McLuhan eine kleine, hohle Plexiglaspyramide zusammengebaut, nach den Originalmaßen der Cheopspyramide. Im Innern, direkt unter der Spitze und auf einem Drittel der Höhe (also dort, wo sich im Original Cheops' Grabkammer befindet), deponierte McLuhan ein rohes Rindersteak und eine stumpfe Rasierklinge. Sein Ergebnis: Die Klinge wurde wieder scharf, das Steak blieb frisch – auch noch nach Wochen. Folgerung: Unbekannte, geheimnisvolle Pyramidenkräfte!

Eine französische Firma soll sogar pyramidenförmige Joghurtbecher zum Patent angemeldet haben. Pyramiden als ideale Frischhaltepackung!

»Harte Facts« dieser Art sind gewöhnlich von durchschlagender Überzeugungskraft. Was soll man dagegen auch einwenden? Um aber letzte Zweifel auszuräumen, wird dann noch empfohlen, eine eigene Modellpyramide zu bauen, oder, weit bequemer, ein Exemplar in Kanada zu bestellen, wo solche Pyramiden im Handel erhältlich seien. Die genaue Angabe der Adresse in Toronto scheint dann endgültig für die Ernsthaftigkeit und Echtheit dieses »Pyramidenwunders« zu bürgen.

Freilich, wer sich die Mühe macht, der Sache wirklich einmal nachzugehen, der stellt fest, daß erstens unter der angegebenen Anschrift in Toronto niemals Plexiglaspyramiden vertrieben wurden – die Anschrift ist schlicht falsch – und daß zweitens eine derartige Pyramide weder Fleisch noch Milch, noch sonst etwas besser konserviert oder gar mumifiziert als irgendein anderer Plexiglasbehälter auch. Das angebliche Pyramidenwunder löst sich in schlichten Pyramidenschwindel auf.

Das Geheimnis der Mumien

Dennoch wird niemand bestreiten, daß die alten Ägypter die Kunst des Mumifizierens in erstaunlicher Weise beherrschten. So fachkundig balsamierten sie ihre Toten ein, daß die Mumien Jahrtausende überdauerten und daß die Mediziner mitunter heute noch in der Lage sind, die Leiden und Krankheiten der Verstorbenen zu diagnostizieren.

Ein Beispiel aus jüngster Zeit: Im Roemer- und Pelizaeus-Museum in Hildesheim, das eine der reichsten ägyptischen Sammlungen besitzt, ruht die Mumie des Priesters Penju, eingebettet in drei Sarkophage: der äußere Sarg aus rohem Zedernholz, darin der goldbemalte mittlere Sarg und der kostbare innere Sarg, der nach der Gestalt des Toten gearbeitet ist.

Doch die eigentliche Mumie hat noch nie jemand zu Gesicht bekommen. Sie wird völlig vom inneren Sarg umschlossen, der ohne Beschädigung nicht geöffnet werden könnte. Um überhaupt etwas über die Mumie zu erfahren, leistete Professor Schermuly, Chef der Röntgenabteilung des Städtischen Krankenhauses, Amtshilfe. Der Sarg wurde in ganzer Länge durchleuchtet und gab zum ersten Mal den Blick in sein Inneres frei: Perlen und Amulette wurden sichtbar, ebenso die Umrisse der Mumie und vor allem deren Skelett (Abb. 13). Diese Gebeine lieferten dem Fachmann Hinweise auf das ganz persönliche Schicksal des Priesters. »Er litt«, so Professor Schermuly, »an der sogenannten Scheuermannschen Krankheit, und wir können annehmen, daß er leichte Rükkenschmerzen hatte und ein Bein etwas nachzog. Heute könnte man einem solchen Mann helfen!«

Eine Diagnose nach mehreren tausend Jahren – was könnte deutlicher den Erfolg der ägyptischen Totenpriester zeigen und die Wirksamkeit ihrer mumifizierenden Mittel! Was für Mittel waren dies? Und was steckt überhaupt hinter diesem offenkundigen Drang der alten Ägypter, ihre Toten – ganz besonders ihre toten Pharaonen – möglichst unversehrt zu erhalten?

Erich von Däniken vermutet auch hier das Wirken der Außerirdischen: »Vielleicht hatten die ›Götter‹, klug wie sie waren, ein Interesse daran, wenigstens einen Toten mit allem Wissen seiner Zeit ›aufzubewahren‹, damit er dereinst nach der Geschichte seiner Generation befragt werden konnte?« Däniken versäumt dabei nicht zu erwähnen, daß die Gräber »quasi atombombensicher« gebaut den Stürmen aller Zeiten trotzen konnten.

Man mag viel gegen Spekulationen in dieser Richtung einwenden, sie sind schon deshalb unhaltbar, weil die Kunst des Einbalsamierens in der IV. Dynastie, also zur Zeit des Pyramidenbaus, noch äußerst unvollkommen war. Die Mumien aus dieser Zeit enthalten als »Originalbestandteile« lediglich das Skelett des Verstorbenen – harzgetränkte Leinenbinden halten die einzelnen Knochen zusammen. Alles übrige ist künstlich ergänzt: Mit Stoff und watteähnlichem Füllmaterial wurde der Körper möglichst lebensgetreu nachmodelliert. Da war wirklich nicht viel, was die Außerirdischen hätten wiedererwecken können!

Erst später gelang es, durch den Einsatz von Natron und Zedernöl den gesamten menschlichen Körper zu erhalten, wobei freilich (bis auf das Herz und manchmal die Nieren) alle inneren leicht verwesenden Organe, einschließlich des Gehirns, aus dem Körper entfernt und in einem sogenannten Kanopenschrein gesondert beigesetzt wurden. Ein ganz wesentlicher Anteil aber an dem guten Erhaltungszustand der ägyptischen Mumien ist dem trockenen Klima zu verdanken, das eine natürliche Austrocknung und das Haften des Fleisches an den Knochen fördert.

Der Fluch der Pharaonen

Die berühmteste ägyptische Mumie ist zweifellos die des Pharaos Tutench-Amun: die einzige bekannte Königsmumie! Seit der englische Archäologe Howard Carter sie 1922 unberührt in ihren Sarkophagen fand, wollen die Gerüchte nicht verstummen vom »Fluch der Pharonen«. Dieser angebliche Fluch leitet sich von einen kleinen Tontäfelchen her, das Carters Grabungsteam entdeckt haben soll. Die Aufschrift: »Der Tod wird mit seinen Schwingen erschlagen, wer die Ruhe des Pharaos stört!«

Zwar wurde dieses Täfelchen, im Gegensatz zu allen anderen Fundstücken, niemals fotografiert. Es ist verschollen. Doch viele halten die Aufschrift für wirksam bis in unsere Zeit. »In wenigen Jahren«, schreibt beispielsweise Philipp Vandenberg in seinem Buch ›Der Fluch der Pharaonen‹, »starben zweiundzwanzig Menschen, die mit dem Grab des Pharaos oder den wissenschaftlichen Arbeiten über Tut-ench-Amun in Berührung gekommen waren, eines vorzeitigen oder unerklärlichen Todes. Dreizehn von den zweiundzwanzig Toten waren an der Öffnung des Grabes unmittelbar beteiligt gewesen.«

Als Beleg führt Vandenberg die Opfer namentlich auf – darunter so bedeutende Ägyptologen wie Prof. James H. Breasted, Prof. Norman de Garis Davies, Prof. Georges Foucart, Sir Alan Gardiner und Prof. Herbert Winlock.

13 Das Skelett der Mumie, aus vier Röntgenbildern zusammengesetzt. Links neben dem Kopf ein größerer Skarabäus.

Ursache für diese mysteriöse Häufung von Todesfällen sollen unbekannte, geheimnisvolle oder hochmoderne, auf jeden Fall aber todbringende Schutzmechanismen gewesen sein, mit denen die alten Ägypter ihre Königsgräber gesichert hätten: Radioaktivität, Gift, Bakterien, kosmische Strahlung – nichts wird ausgeschlossen.

Bei aller Skepsis gegenüber solchen Thesen – in einem Punkt treffen sie die Realität: Mit Sicherheit dürften die alten Ägypter alles darangesetzt haben, um ihren toten Pharao und sein Grab unbeschädigt zu erhalten. Jeder Aufwand, jede Anstrengung und jedes Mittel waren dabei gerechtfertigt, denn auf dem Spiel stand nichts Geringeres als das ewige Leben des Gottkönigs.

Schon seit den ersten Anfängen ihrer Geschichte waren die Ägypter überzeugt, daß der Mensch aus Körper und Geist bestehe, und es galt ihnen als sicher, daß nach dem leiblichen Tod des Pharaos dessen Geist oder Seele weiterlebe – in einem glücklichen, wahrhaft paradiesischen Jenseits, das alle Freuden des irdischen Lebens in gesteigerter Form bereithält.

Doch für dieses so erstrebenswerte Leben nach dem Tode waren – abgesehen von zahlreichen rituellen Zeremonien und priesterlichen Bestattungsvorschriften – zwei Grundvoraussetzungen nötig. Zum einen mußte das Grab mit allen materiellen Gütern ausgestattet sein, die der

Tote oder sein Geist (die Ägypter nannten ihn »Ka«) im Jenseits brauchen konnte. Zum andern aber mußte der Körper des Toten unversehrt erhalten bleiben. Nur so konnte sein Ka die Fahrt durch die Unterwelt überstehen und das ewige Leben erlangen.

Erst vor dem Hintergrund dieses ausgeprägten Jenseits-Glaubens wird das maximale Interesse der Ägypter verständlich, ihre Pharaonengräber vor dem Zugriff von Grabräubern (oder Archäologen) zu schützen. Daß sie dabei ausgeklügelte Maßnahmen wie Fallsteine, Irrgänge oder blinde Türen erdachten, ist bekannt. Sollten sie auch magische oder hochwissenschaftliche Mittel eingesetzt haben – todbringende Sicherungen, die bis heute alle Eindringlinge bedrohen?

Mit dieser Frage nach dem »Fluch der Pharaonen« wollen wir die Reihe der Pyramiden-Geheimnisse beschließen.

Wir hatten uns erstens nach dem Motiv der alten Ägypter gefragt: Was hat sie bewogen, diese grandiose Gewaltanstrengung auf sich zu nehmen?

Wie konnten sie, zweitens, diese Basis der Pyramiden so exakt nach Norden ausrichten und diese Basis zudem mit einer Präzision einebnen, wie wir sie nur von modernen Nivellierinstrumenten her kennen?

Drittens: War das Errichten der Riesenbauten überhaupt mit damaligen Mitteln möglich, oder muß man die Mitwirkung außerirdischer Kräfte annehmen?

Viertens: Wie kommt die Kreiszahl Pi, die den Ägyptern damals mit Sicherheit unbekannt war, in die Abmessungen der Pyramiden?

Und fünftens: Was verbirgt sich hinter dem »Fluch der Pharaonen«?

Im folgenden wollen wir untersuchen, welche Antworten die Wissenschaft auf diese Fragen anzubieten hat, oder wieweit hier tatsächlich Unerklärliches vorliegt – rätselhafte, unlösbare Geheimnisse, die zu kühnen Spekulationen geradezu herausfordern.

Gibt es ein Geheimnis der Pyramiden?
Die Antworten

Um die Beweggründe für den Bau der Pyramiden herauszufinden, genügt es nicht, sich ausschließlich mit eben diesen markanten Steinmonumenten zu befassen. Die Pyramiden sind zwar der massivste und dauerhafteste Teil, aber doch nur Teil einer riesigen Gesamtanlage, die sich bis an die Ufer des Nils und weit bis in die Wüste erstreckt.

Erst wenn man sich diese Pyramidenanlage vor Augen hält, wie sie aufgebaut war und wozu sie diente, – erst dann wird verständlich, *wofür* die Ägypter ihre Anstrengungen unternommen haben.

Das Motiv

Keine Pyramidenanlage gleicht völlig der anderen – jeder Pharao ließ die seine mit individuellen Merkmalen versehen –, das architektonische Grundkonzept aber wurde von allen strikt eingehalten. Immer wurde der sogenannte Tal-Tempel direkt am Nilufer oder an einem eigens angelegten Stichkanal errichtet. Hier legte nach dem Tode des Pharaos die Barke mit seinem Leichnam an, und dort blieb er zunächst mehrere Monate, bis die rituellen Waschungen, die Mumifizierungsarbeiten und die sogenannten Mundöffnungsriten abgeschlossen waren, dank derer der Geist des Toten nun auch irreale, nur bildlich dargestellte Speisen zu sich nehmen konnte.

Vom Tal-Tempel aus wurde der Sarg mit dem Toten in einer feierlichen Prozession hinauf zum eigentlichen Pyramidenbezirk geleitet. Eigens dafür war ein überdachter Aufweg von mehreren hundert Metern Länge angelegt worden. Er führte direkt auf das Eingangstor einer gewaltigen Mauer, die, neben der eigentlichen Pyramide und kleineren Nebenpyramiden, eine Reihe weiterer Bauwerke umschloß (Abb. 14). Darin war alles untergebracht, was der Gottkönig auf seinem Weg ins Jenseits oder dortselbst benötigen könnte: Nicht nur Speisen und Getränke, die eine festangestellte Priesterschaft regelmäßig zu erneuern hatte, sondern ebenso Schmuck-, Wohn- und Alltagsgegenstände. Der wiedererstandene Pharao sollte nichts entbehren, woran er im vergangenen Leben seine Freude hatte – nicht einmal seinen aufwendigen Hofstaat: Reichhaltige Vorratsmagazine und zahllose Gräber höfischer Würdenträger rund um die Pyramide machen deutlich, daß die Pyramidenanlage als eine Art »magische Maschine« zum Transport eines kompletten Hofstaates ins Jenseits verstanden wurde. Daher auch die unzähligen Reliefs und Wandmalereien, die jeden Lebensbereich detailgetreu schildern: Da werden Fische gefangen und Nilpferde gejagt. Schreiber notieren die Getreideernte auf ihren Schreibtäfelchen (Abb. 15). Gefangene werden vorgeführt und geprügelt. Musikanten und Tänzerinnen sorgen dabei für Unterhaltung.

Für die Archäologen heute sind solche Darstellungen ein eindrucksvolles Bilderbuch aus dem alten Ägypten, ihr Sinn freilich ist alles andere als dokumentarischer Art. Diese Szenen – davon ging man aus – würden im Jenseits Wirklichkeit werden. Sie wurden nicht zum Anschauen gefertigt, sondern als Ausdruck der Fürsorge für den Toten: Sein Geist, sein Ka, sollte sich all dessen auf magische Weise bedienen und auch im Jenseits auf seine Bediensteten zurückgreifen können.

So gesehen ergibt es auch Sinn, wenn unter allen dargestellten Motiven kein einziges vom Pyramidenbau selbst handelt; denn wenn etwas im Jenseits überflüssig war, dann die Herstellung einer solchen »magischen Auferstehungsmaschine«. Umgekehrt aber: Zu Lebzeiten des Pharaos mußte diesem jeder Aufwand und Einsatz gerechtfertigt erscheinen, wenn es darum ging, sein eigenes Leben und das seines Hofstaates für alle Ewigkeit zu sichern. Ein stärkeres Motiv für die Errichtung und gewissenhafteste Ausführung der Pyramidenanlagen ist kaum denkbar.

Wo ist der Himmelspol?

Die zweite Frage, wie die ägyptischen Baumeister ihre Pyramidenbasis so exakt nach Norden orientiert haben und wie sie vor allem den Eingangsstollen auf den Himmelspol ausrichten konnten, der damals nicht durch den Polarstern markiert war – diese Frage scheint sich zunächst problemlos durch den Hinweis auf astronomische Kenntnisse alter Kulturvölker – warum nicht auch der Ägypter? – zu erledigen.

Doch im Gegensatz etwa zu den alten Babyloniern hatten es die Ägypter in Mathematik und Astronomie nicht allzuweit gebracht: Sternbahnen zu errechnen oder die Lage des Himmelspols mathematisch zu bestimmen, dazu waren sie nicht in der Lage, und das lag ihnen auch fern. Als geniale Praktiker nämlich betrieben sie Mathematik und Astronomie nicht als Selbstzweck, sondern aus ganz handfesten, praktischen Gründen: zur Errechnung von Vorräten, zur Kalkulation von Feldzügen, zur Vorausbestimmung des Nilpegels oder des Beginns der Nilüberschwemmung. In diesen Dingen waren die Ägypter nicht zu schlagen! Das gleiche galt für ihre praktischen Ingenieurleistungen: In meisterhafter Weise planten und konstruierten sie Bewässerungsanlagen, zogen lotrechte Mauern oder vermaßen das Gelände.

Dermaßen begabt für praktische Dinge konnte es den Pyramidenarchitekten auch nicht schwerfallen, den nördlichen Himmelspol ausfindig zu machen, der in ihren Augen nichts anderes war als der »Ort der unzerstörbaren Sterne«. Damit ist folgendes gemeint: Selbstverständlich war

14 Über dem Tal-Tempel der eigentliche Pyramidenbezirk mit Pyramide, Nebenpyramiden, Tempeln, Vorratskammern, Gräbern.

auch im alten Ägypten bekannt, daß die Sterne jede Nacht über den Horizont aufsteigen, einen großen Bogen durch das Himmelsgewölbe durchlaufen und wieder unterm Horizont verschwinden. Für eine bestimmte Himmelsregion aber galt das offensichtlich nicht: Hier waren Sterne, die niemals untergingen – »unzerstörbare Sterne« also, die sich um einen festen Punkt am Himmel bewegten. Für uns heute ist dieser Punkt bekanntlich der Himmelspol oder der Polarstern. Damals war es der »Ort der unzerstörbaren Sterne«, ein Symbol für ewige Dauer, und hierauf sollte der Einstiegsgang der Pyramiden gerichtet sein.

Die ungefähre Lage dieses Punktes konnte (und kann natürlich auch heute noch) durch geduldiges Beobachten des Nachthimmels herausgefunden werden. Die exakte Position zu bestimmen – bis auf Winkelminu-

15 Schreiber notieren die Getreideernte. Darstellung im Grab des Menena.

ten genau! – ist allerdings kaum vorstellbar ohne technische Hilfsmittel – wobei »technisch« eben keineswegs hochkompliziert oder gar maschinell bedeutet. Das Aufspüren des Himmelspols gelang mit einfachsten Mitteln: Als erstes galt es, eine Mauer mit waagerechter Oberkante zu ziehen, einen künstlichen Horizont also ohne irgendwelche Geländeunebenheiten. Daß der Mauerabschluß tatsächlich horizontal ausfiel, konnte man mit Hilfe einer eingelassenen Wasserrille sicherstellen und überprüfen.

Für den nächsten Schritt wurde das schon erwähnte Bay als Visiergerät benötigt: Man mußte irgendeinen Stern anvisieren, wenn er gerade über der Mauer »aufging«, und an dieser Stelle eine Marke an der Mauer anbringen – ebenso dort, wo der Stern gegen Morgen wieder hinter der

16 Ermittlung des Himmelspols. Die Mitte zwischen Auf- und Untergangspunkt eines Zirkumpolarsterns weist genau nach Norden.

Mauer verschwand. Die Mitte zwischen diesen Auf- und Untergangsmarken lag dann bereits exakt in nördlicher Richtung (Abb. 16)!

Um genau zu sein: Bis hierhin lieferten die eben beschriebenen Schritte lediglich die Nord-Richtung – also das, was ein gewöhnlicher Magnetkompaß anzeigt –, nicht aber die Höhe des Himmelspols. Hierfür mußte das gleiche Verfahren an einer senkrechten Mauerkante (die man zweckmäßigerweise gleich in der bereits ermittelten Nordrichtung erstellte) wiederholt werden: Markierungen waren dort anzubringen, wo ein Stern hinter der Mauer hervorkam, und wo er nach Durchlaufen eines Kreisbogens wieder verschwand. Die Mitte zwischen beiden Stellen ergab die Höhe des Himmelspols und damit seine exakte Position! Selbst wenn sich bei derartigen nächtlichen Beobachtungen kleinere Fehler einschlichen, konnte man sie ausmerzen, indem man nicht nur einen einzigen Stern, sondern mehrere Sterne in mehreren Nächten verfolgte. Der Mittelwert aller Messungen war dann sehr genau.

Keine Frage also, die Orientierung des Pyramidenbasis-Quadrates nach Norden und die Ausrichtung des Eingangsstollens auf den Himmelspol darf man getrost dem praktischen Verstand der Ägypter zutrauen. Wie steht es um die Einebnung des Fundaments?

Nur um Daumendicke liegt die Südost-Ecke der Cheopspyramide höher als die gegenüberliegende Nordwest-Ecke! Das bedeutet: Um ganze 1,5 Zentimeter weicht die Standfläche der Pyramide von einer Idealebene ab. Eine derartige Genauigkeit ist durch bloßes Visieren nicht mehr zu erreichen – zumal inmitten dieser Fläche ein Felshöcker steht, der – wie schon erwähnt – eine Sichtverbindung entlang der Diagonalen verhindert. Wie aber gingen die Baumeister dann vor?

Ganz sicher kam ihnen hier ihre im Laufe von Generationen entwickelte Erfahrung als Nilanrainer zugute: Sie waren Experten im Umgang mit Wasser. Jedes Jahr galt es, das Nilwasser in unzähligen Gräben und Kanälen übers Land zu verteilen. Größere Dämme mußten angelegt werden, um Siedlungen zu schützen, kleinere Wälle aus Nilschlamm, um das wertvolle Wasser zu stauen oder umzuleiten. Und dieses Know-how ließ sich vortrefflich für die gestellte Aufgabe einsetzen.

Sobald das vorgesehene Baugelände von losem Sand und Gestein geräumt war und der gewachsene Fels zutage trat, zogen die Bautrupps einen niedrigen Damm rund um das Gelände. Danach füllten sie Wasser ein – soviel, bis alle Unebenheiten des Untergrundes unter dem Wasserspiegel verschwanden. Lediglich größere »Inseln«, wie im Fall der Cheopspyramide, durften sichtbar bleiben.

Mit der Oberfläche dieses künstlichen Sees aber war eine garantiert horizontale Ebene geschaffen, die man als Bezugsfläche heranziehen konnte. Die Aufgabe hieß jetzt: den Untergrund so weit abzutragen, daß der See überall die gleiche Tiefe bekam. Selbstverständlich war dies im knie- oder hüfttiefen Wasser nicht »am Stück« durchführbar. Man wird den Untergrund zuerst nur an einigen gleichmäßig verteilten Stellen – vor allem auch an den Basisecken – auf das richtige Niveau gebracht haben, um dann erst, nach Ablassen des Wassers, den Rest des Gesteins wegzumeißeln.

Freilich, daß die Ägypter genau so und nicht anders verfahren sind, ist weder durch schriftliche noch bildliche Quellen verbürgt – Originalberichte vom Pyramidenbau sind nicht zu haben. Es wäre ebenfalls denkbar, daß die Bautrupps von vornherein das langwierige und umständliche Auffüllen des Areals vermieden haben und statt dessen schmale Wasserkanäle – von Wällen aus Nilschlamm eingefaßt – über das Gelände legten und miteinander verbanden. Auch in einem derartigen Kanalsystem steht das Wasser ja überall gleich hoch und kann als Bezugsniveau dienen.

Aber wie auch immer vor viereinhalbtausend Jahren die Pyramidenfundamente eingeebnet wurden, es ist nicht daran zu zweifeln, daß die Ägypter als perfekte Bewässerungskünstler von der Ebenmäßigkeit eines Wasserspiegels ausgingen und diese auf den Gesteinsuntergrund übertrugen.

Schon während der Vorarbeiten auf dem Bauplatz herrschte in den Steinbrüchen der Umgebung Hochbetrieb. Die »normale« Pyramidenfüllung – Kalkstein – wurde in Quadern aus dem bei Gizeh anstehenden Fels gebrochen. Dieses Materiallager in unmittelbarer Nähe dürfte bei der Standortwahl eine wesentliche Rolle gespielt haben! Der feine Tura-Kalkstein für die Außenverkleidung mußte allerdings auf der anderen Nilseite unter Tage abgebaut werden, und der besonders harte Granit für Säulen, Türstürze oder Steinsarkophage stammte sogar aus Assuan, Hunderte von Kilometern stromaufwärts.

Transportweg war natürlich der Fluß, der mit seinen Seiten- und Querkanälen ein ideales Verkehrsnetz abgab – übrigens nicht nur stromabwärts: Dank des beständigen Nordwindes konnte man auch gegen die Strömung ansegeln, so wie es die Nilschiffer heute noch tun.

Geändert hat sich allerdings der Wasserstand des Nils. Das zeigen die sogenannten Nilmesser – Markierungen an den Uferfelsen, die damals zur Messung des Nilpegels angebracht wurden, und die etwa sieben bis neun Meter höher liegen, als es dem heutigen Wasserstand entspricht. Was dies für die Sommermonate bedeutete, wenn in den äthiopischen Bergen heftige Regengüsse und die Schneeschmelze einsetzten, hat eindrucksvoll Herodot im fünften Jahrhundert v. Chr. geschildert: »Wenn der Nil das Land überflutet, so ragen nur die Städte aus dem Wasser heraus, fast wie die Inseln in unserem Ägäischen Meer. Das ganze ägyptische Land, mit Ausnahme der Städte, ist offenes Meer. Man fährt zu dieser Zeit auch nicht im Flußlauf, sondern mitten über die Felder. Will man zum Beispiel von Naukratis nach Memphis, so fährt man dicht an den Pyramiden vorbei.«

Für den Antransport der Steinblöcke war dies natürlich überaus günstig. Jeder Meter, den die Last auf dem Wasser befördert werden konnte, war ein Gewinn, denn schon ein »Normalblock« wog 2,5 Tonnen und die schwersten bis zu 200 Tonnen. Wie überhaupt waren solche Riesengewichte über Land zu bewegen? Die Antwort gibt ein Relief, das zwar 800 Jahre später entstanden, deshalb aber nicht weniger überzeugend ist: Ein Adeliger aus der 12. Dynastie ließ in seinem Grab den Transport einer 60 Tonnen schweren Statue darstellen (Abb. 17): Sie ruht auf einem Holzschlitten und wird von insgesamt 162 Leuten gezogen. Einer steht auf den Knien der Kolossalfigur und klatscht den Rhythmus, ein anderer gießt eine Flüssigkeit – wahrscheinlich Wasser – vor die Schlittenkufen, um die Reibung zu verringern, und Aufseher sind selbstredend auch dabei.

Wenn der Schwerlast-Transport Jahrhunderte nach dem Pyramidenbau noch derart primitiv vonstatten ging, dann muß man davon ausgehen, daß die Bautruppe eines Cheops oder Chefren nicht anders verfuhren. Dabei waren die Steinblöcke offensichtlich genau den einzelnen Bautrupps zugeteilt. Ockerfarbene Aufschriften wie »Kraftvolle Gruppe«, »Ausdauernde Gruppe« oder »Gruppe Nord« verraten noch heute die Namen dieser Arbeiterbrigaden.

Andere Vermerke, wie zum Beispiel »diese Seite oben«, lassen vermuten, daß man die Blöcke nicht erst am Bau zurechtschlug, sondern schon zu ebener Erde für die richtige Paßform und Größe sorgte. Das sparte Zeit und erhöhte die Präzision des Baus. Und Präzision war gefordert – nicht nur außen bei den Verkleidungsblöcken, sondern auch im Innern, wo man keineswegs nur eine Lage von Steinen auf die andere zu packen hatte. Einmal waren die Gänge und Kammern der Pyramide schon beim Bau auszusparen, und dann mußten vor allem in regelmäßigen Abständen, gleichsam als Innenskelett, sauber verfugte Stützmauern mit eingebaut werden, um den Druck des wachsenden Steingebirges abzufangen (Abb. 18). Ohne dieses baustatische Konzept der Stütz- und Strebemauern hätten die Pyramiden nie ihre stattliche Höhe erreicht, sie wären schon beim Bau in sich zusammengefallen!

17 Schwerlast-Transport. 60 Tonnen mit 162 Leuten. Darstellung aus dem Grab des Dhutihotep in El-Bersche.

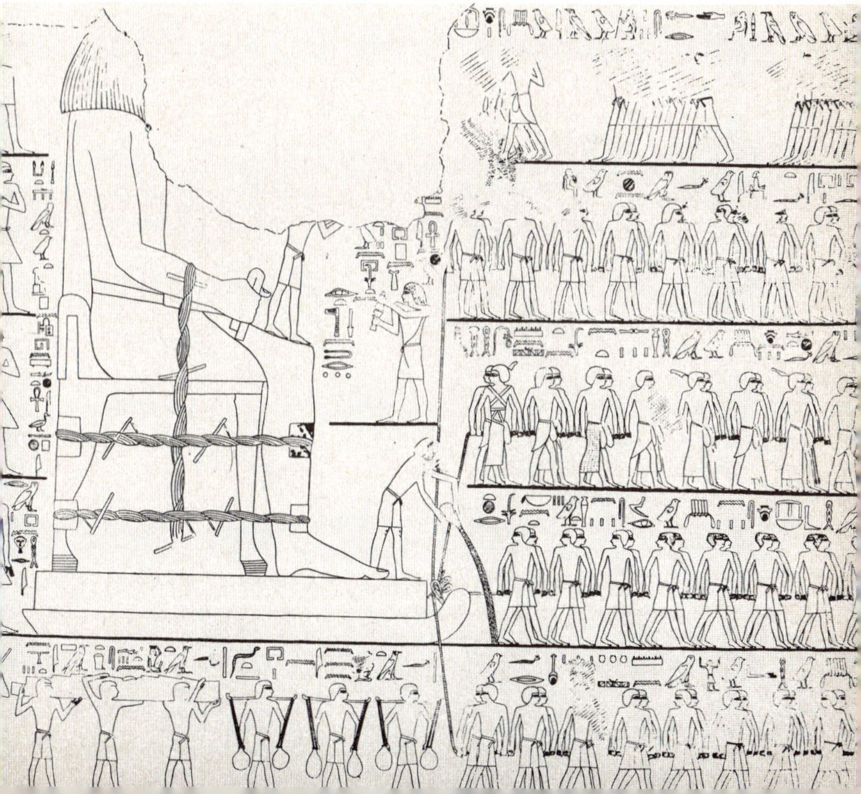

Aber gerade diese nur durch bravouröse Ingenieurleistung erreichbare Höhe gab ihrerseits wieder Probleme auf: Wie sollte man die tonnenschweren Blöcke nach oben hieven? Der Schlußstein der Cheopspyramide beispielsweise war in 147 Meter Höhe aufzusetzen.

Schon in der Antike stellte sich der griechische Schriftsteller Herodot bei seinem Ägypten-Besuch diese Frage, und er kam zu folgendem Schluß: »Zunächst ist die Pyramide stufenförmig, treppenförmig, oder wie man es nennen will, gebaut worden. Die zur Ausfüllung des Treppendreiecks bestimmten Steine wurden mittels eines kurzen Holzgerüstes hinaufgewunden. So hoben sie die Steine auf den ersten Treppenabsatz; dort legten sie sie auf ein anderes Gerüst, durch das sie auf den zweiten Treppenabsatz gehoben wurden. Soviel Stufen, soviel solcher Hebevorrichtungen waren vorhanden ...«

Die Archäologen beurteilen Herodots Holzgerüste mit Skepsis. Denn nirgendwo sehen sie einen Anhaltspunkt, der diese Schilderung, die rund 1200 Jahre nach den Pyramiden entstand, stützen könnte: Die alten Ägypter kannten keinen Flaschenzug, und auch Hebelsysteme aus Holz für derartige Gewichte sind schwer vorstellbar.

Vieles spricht dafür, daß der Materialtransport über Rampen erfolgte. Aber auch hierbei sind mehrere Möglichkeiten denkbar – zum Beispiel »Spiralrampen«, die jeweils unten an einer Pyramidenecke beginnen und sich außen am Baukörper entlang nach oben schrauben. Tatsächlich hat man, um dieses Verfahren zu testen, im Jahre 1950 am Museum of Science in Boston ein Pyramidenmodell mit Hilfe solcher Spiralrampen

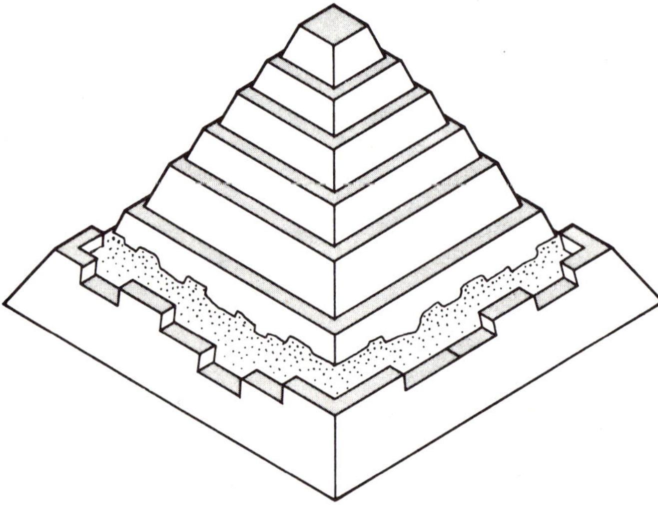

18 Jede Pyramide enthält ein Innenskelett aus Stützmauern.

erstellt. Es gab dabei keine ernsthaften Schwierigkeiten, und trotzdem sind die Ägypter aller Wahrscheinlichkeit nach anders vorgegangen: Rampenreste bei der Pyramide von Mêdûm und anderen Pyramiden lassen darauf schließen, daß das Baumaterial von einer Seite her über eine einzige große, geradlinige Rampe herangeschleppt wurde. Diese Rampe war anfangs so breit wie die Basis der Pyramide, wuchs mit ihr in die Höhe und verjüngte sich auch entsprechend, so daß die »Auffahrt« immer genauso breit war wie die eigentliche Baufläche. Auch die Länge der Rampe mußte immer wieder vergrößert werden, um die Steigung in etwa konstant zu halten. Überraschenderweise konnten die Archäologen sogar das Maß dieser Steigung herausfinden – zumindest für die bruchstückhaft erhaltene Baurampe des gewaltigen Totentempels des Mykerinos. Dort beträgt die Steigung 12,5 Prozent, und sie dürfte für die Pyramiden nicht wesentlich anders gewesen sein.

Alle zwei Minuten ein Stein?

Doch bei aller genialen Rampentechnik – sie entkräftet noch keineswegs das Unmöglichkeitsargument Erich von Dänikens: Bei 2,4 Millionen Steinblöcken und einer Bauzeit von 20 Jahren hätte alle zwei Minuten ein Block gebrochen, transportiert, eingepaßt und poliert werden müssen.

Dies scheint auf den ersten Blick – zumal an der Rechnung rein arithmetisch nichts auszusetzen ist – tatsächlich unmöglich zu sein, auch bei noch so vielen Hilfskräften und noch so großem Einsatz. Bei einiger Überlegung freilich wird der Denkfehler dieser Rechnung klar: Eine Vielzahl von Arbeitsgängen lief ja parallel und gleichzeitig ab. Während die Blöcke an unterschiedlichen Stellen in mehreren Steinbrüchen gebrochen wurden, waren andere bereits per Schiff unterwegs, wieder andere wurden in mehreren Reihen über die Rampe gezogen oder schon auf der Baufläche verlegt – und auch dies nicht nur an einer Stelle, sondern an Hunderten von Bauabschnitten zugleich. Das bedeutet, daß im Endeffekt zwar alle zwei Minuten ein Stein fertig verlegt sein mußte, daß für den einzelnen Quader aber ungleich mehr Zeit zur Verfügung stand. Machen wir die Gegenrechnung auf:

Die Grundfläche der Cheopspyramide beträgt 230 × 230 Meter. Anfangs hatte man also eine riesige Arbeitsfläche von 529 000 Quadratmetern zur Verfügung. Geht man davon aus, daß dort alle 100 Quadratmeter ein Bautrupp dabei war, einen Stein zu verlegen, so sind das rund 530 Verlegeplätze. Und das bedeutet, daß man sich zwei volle Tage(!) nur mit dem Einfügen eines Blocks befassen konnte, bevor man den nächsten in Angriff nahm. Dies war mehr als genug – zumindest für die unteren Steinlagen, wo die Blöcke noch von allen Seiten über kleine Hilfsrampen herbeigeschafft werden konnten. Und in größerer Höhe – wo die Arbeitsfläche knapper und der Transport schwieriger wurde?

Tatsächlich fällt dies weniger ins Gewicht, als es zunächst den Anschein hat, denn das meiste Baumaterial wird bei einer Pyramide für den unteren Teil benötigt. Als der Pyramidenstumpf der Cheopspyramide gerade 30 Meter Höhe erreicht hatte, war schon die Hälfte allen Materials verbaut, und bei der halben Höhe waren es bereits 87 Prozent!

Es wäre freilich ein gewaltiger Irrtum zu meinen, durch derartige Rechnungen könne man das Großartige und Bewundernswerte des Pyramidenbaus »wegdividieren«. Das Gegenteil ist der Fall. Zur technischen Leistung kommt noch die organisatorische hinzu! Es durfte kein Engpaß im Nachschub der Blöcke eintreten; der Ausbau der Rampe hatte fristgerecht zu erfolgen; Holzbalken, Schlitten und Taue mußten in ausreichender Zahl dort vorhanden sein, wo sie gebraucht wurden. Ganz zu schweigen von dem Arbeiterheer, das verpflegt, untergebracht und bezahlt sein wollte! Man schätzt die Zahl dieser Hilfskräfte auf etwa 100000, aber sie wird jahreszeitlich geschwankt haben und in den Überschwemmungsmonaten, wenn die Feldbestellung entfiel und der Steintransport einfacher war, besonders hoch gewesen sein. Hinzu kam eine festangestellte Mannschaft von Steinmetzen, Künstlern und anderen Fachkräften, die wahrscheinlich in den Bauhütten untergebracht waren, die man westlich der Chefrenpyramide fand. Sie boten Raum für ungefähr 4000 Leute.

Insgesamt gesehen war der personelle Aufwand für das Großprojekt »Pyramide« so immens, daß es kaum jemand in Ägypten gab, der nicht direkt oder indirekt mit dem Unternehmen zu tun hatte – und auch zu tun haben wollte. Denn die Arbeiter waren nicht etwa Sklaven, sie hatten sich freiwillig einstellen lassen, gegen Auskommen und Verpflegung. Vor allem aber: Sie waren überzeugt, auch teilzuhaben an jener Vorsorge für das unbeschwerte ewige Leben, das es durch die Pyramidenanlage zu sichern galt.

Vom Sandhügel zur Pyramide

Zugegeben, niemand kann mit absoluter Sicherheit sagen: So und nicht anders haben die Ägypter ihre Pyramiden errichtet! Dazu ist die Reihe der Funde und Indizien zu lückenhaft, und jede Grabung kann das heutige Bild abwandeln und ergänzen.

Auf keinen Fall aber bieten diese Lücken nun Raum für Spekulationen über geheimnisvolle Helfershelfer. Die Pyramiden sind zweifelsfrei von Menschenhand geschaffen – dafür steht ein einleuchtendes und schlagendes Argument: Sie tauchten ja nicht unvermittelt auf. Die Pyramiden haben eine Vorgeschichte, eine geschichtliche und auch technologische Entwicklung, die von den ersten Wüstengräbern bis zur perfekten Pyra-

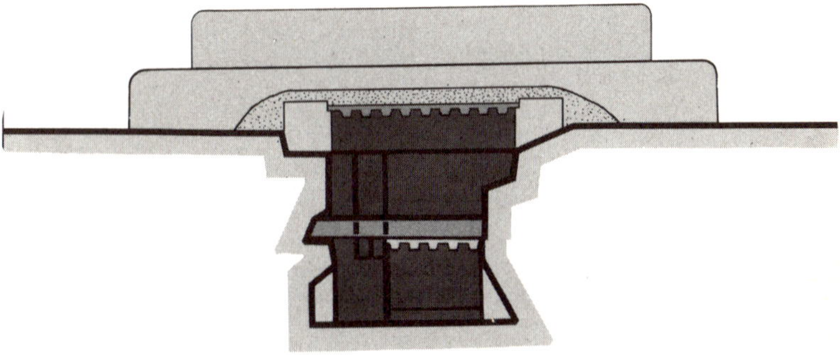

19 Schnitt durch eine Stufenmastaba. Zwei gemauerte Platten überdecken die Grabräume und Vorratskammern.

midenanlage reicht. Und diese Vorgeschichte ist – alles andere als übermenschlich – von Fehlern und Rückschlägen gekennzeichnet.

Ursprünglich bestatteten die Ägypter ihre Toten in einfachen Sandgruben – als Beigaben ein paar Habseligkeiten wie Jagdgeräte oder Gefäße mit Speisen und Getränken. Darüber kam als Schutz ein einfacher Sandhügel. Der Sand konnte jedoch vom Wind oder von wilden Tieren entfernt und das Grab zerstört werden. So ging man dazu über, die Bestattungsgrube durch einen »Deckel« abzudichten, das heißt durch eine dikke, aus Lehmziegeln gemauerte Platte. Für solche Gräber hat sich die Bezeichnung »Mastaba« eingebürgert – das ist das arabische Wort für »Bank«; genaugenommen für jene Bank, die vor den ägyptischen Häusern steht und wo der Hausherr seine Gäste mit einer Tasse Tee empfängt. Den Namen dieser Steinbank hat man auf die Steinabdeckung der alten archaischen Bestattungsgruben übertragen.

Der nächste Schritt in der Entwicklung der Grabform bestand in einer zweiten, etwas kleineren Platte, die zusätzlich aufgesetzt wurde. Über der Erde war jetzt ein zweistufiges Bauwerk zu sehen: die Stufenmastaba. Sie bot einmal erhöhten Schutz gegen Zerstörung und wirkte zudem repräsentativer, was vor allem bei Königen und Edelleuten eine zunehmend wichtige Rolle spielte. Deren Stufenmastabas wurden immer prunkvoller gestaltet – auch unter der Erde, wo man statt einer Grube jetzt mehrere Vorratskammern, ja sogar mehrere Stockwerke anlegte (Abb. 19).

Als man begann, die Mastabagräber auf mehrere Stufen aufzustocken, mußte das zwangsläufig zur Stufen*pyramide* führen (Abb. 20). Und tatsächlich ist die erste Stufenpyramide in Sakkara ursprünglich aus einer Mastaba entstanden, die insgesamt fünfmal erweitert und aufgestockt wurde. Noch heute sind der anfängliche Mastaba-Kern und die späteren Erweiterungsbauten klar zu erkennen.

Mit der Stufenpyramide in Sakkara aber war die erste Pyramide überhaupt gelungen, 60 Meter hoch und haltbar bis heute – dank der genialen Einfügung von Stütz- und Strebemauern in den Baukörper. Verständlich, daß Imhotep, der Architekt und Manager des Projekts, eine geradezu legendäre Figur wurde. Spätere Generationen verehrten ihn nicht nur als begnadeten Architekten, sondern ebenso als Magier, Astronom und Arzt – ja sogar als Sohn des Gottes Ptah. Und so merkwürdig es klingt: Das Andenken an Imhotep hat bis in unsere Zeit überdauert. Denn die Griechen setzten ihn gleich mit Äskulap, ihrem Gott der Heilkunde, auf den bekanntlich unser heutiges Sanitätsabzeichen und Sinnbild für die Heilkunde zurückgeht: der Äskulapstab.

Imhotep hatte auf unübersehbare Weise gezeigt, daß eine stufenförmige Pyramide möglich ist. Und tatsächlich wurde dieses Baukonzept niemals ganz aufgegeben: Alle nachfolgenden Pyramiden, auch die von Gizeh, wurden zunächst immer als Stufenbauwerke errichtet und dann erst in einer zweiten Bauphase zur echten Pyramide ergänzt.

Warum aber diese Ergänzung? Welchen Grund gab es überhaupt, von der bewährten Stufenform abzurücken? Für eine neue, geradlinige Kantenführung sprach ein Wandel in den religiösen Vorstellungen der Ägypter. Immer mehr wurde die strahlende und lebenspendende Sonne, der Gott Rê, zur zentralen, alles beherrschenden Gottheit neben dem Pharao. Und ihr Strahlenfächer gab ein leuchtendes Vorbild für die neue Pyramidenform. Die Sonnenstrahlen formten gleichsam Pyramiden aus Licht, über die der Pharao auf magische Weise zur Sonne aufsteigen konnte. Oder, wie es poetischer ein altägyptischer Psalm ausdrückt: »Der Himmel hat für dich die Strahlen der Sonne gestärkt, damit du dich auf ihnen in den Himmel erheben mögest als Auge des Rê.«

Der Übergang zur echten Pyramide aber gelang keineswegs auf Anhieb. Er ist durch jene schreckliche Baukatastrophe gekennzeichnet, die den Pyramidenstumpf von Mêdûm hinterlassen hat. Die Pyramide von Mêdûm war ursprünglich als erprobter Stufenbau konzipiert und auch als solcher fertiggestellt, mit acht leicht abschüssigen, sauber geglätteten Stufen. Erst als man den Ausbau zur echten Pyramide wagte und sich daranmachte, einen riesigen Kalksteinhut über das gesamte Bauwerk zu legen, kam es zur Katastrophe. Der Grund: Bei diesem Schritt in technologisches Neuland, wo man sich an keinerlei Vorbild halten konnte, wurden gravierende bautechnische Fehler gemacht. Wir haben schon erwähnt, daß es der britische Physiker Kurt Mendelssohn war, der dies vor wenigen Jahren entdeckte. Hier seine Mängelliste:

1. Die glattpolierten abschüssigen Stufen waren ein denkbar schlechter Untergrund für den Überbau. Sie mußten geradezu als Rutschbahn wirken.
2. Der verwendete Kalkstein war weich und brüchig.
3. Die einzelnen Steinblöcke waren relativ klein und nur nachlässig zurechtgeschnitten – keineswegs als saubere, regelmäßige Quader. So mußten zwangsläufig seitlich wirkende Druckkräfte auftreten.
4. Das Fundament des Erweiterungsbaus war völlig unzureichend: Der äußere Pyramidenmantel ruhte lediglich auf Kalksteinplatten, die lose im Wüstensand lagen, und war somit buchstäblich »auf Sand gebaut«.

Irgendwann gegen Ende der Bautätigkeit mußten diese Versäumnisse dazu führen, daß die aufgesetzten Steinmassen unter dem eigenen Druck in Bewegung gerieten. Als ungeheure Lawine, sich gegenseitig zerreibend und zertrümmernd, stürzten sie in die Tiefe. Selbst Teile der darunterliegenden soliden Stufenpyramide wurden mitgerissen und untergemengt in den Trümmerkegel am Fuße des Bauwerks. Was heute noch als bizarre Ruine aus dem Gesteinsschutt ragt, sind die Stufen 5, 6 und 7 der einstigen Stufenpyramide. Sie allein überstanden die Katastrophe.

Das Desaster von Mêdûm konnte die Pyramidenentwicklung nicht stoppen, aber es hat zu jenem Knick geführt, der so auffallend und formverletzend eine der Pyramiden von Dahschur kennzeichnet: die Knickpyramide. Sie war – als Stufenbau – bis zur halben Höhe gediehen, als die Katastrophenmeldung eintraf, und das Herabsetzen des Böschungswinkels sollte der neuen Pyramide das »Schicksal von Mêdûm« ersparen. Wir haben das oben beschrieben.

Doch die Architekten beschränkten sich nicht einzig auf diese Sicherheitsmaßnahme. Offenbar hatten sie die Warnung aus Mêdûm richtig verstanden und vermieden beim Erweiterungsbau jetzt sorgfältig die früheren Fehler: Sie legten erstens ein solides, tragfähiges Fundament, das nicht mehr nachgeben konnte, benutzten zweitens größere und exaktere Steinquader und neigten diese drittens schräg nach innen, so daß sie den Druck besser abfangen und nicht mehr durch Querkräfte nach außen rutschen konnten.

Das Ergebnis ist – zwar nicht vom ästhetischen, aber vom baustatischen Standpunkt her – nach viereinhalbtausend Jahren noch überzeugend!

Auch bei der nachfolgenden »Stumpfen Pyramide« blieb es nicht allein beim sicheren Böschungswinkel; die Architekten steigerten nochmals die Größe der Steinblöcke und erhöhten damit die Stabilität des Bauwerks.

20 Die Stufenpyramide bei Sakkara ist die erste Pyramide überhaupt. Vorn die teilweise restaurierte Umfassungsmauer.

Und genau dieses Verfahren wurde bei der nächsten Pyramide – es ist die von Cheops – mit unübertroffener Perfektion eingesetzt.

Man hatte erkannt, daß die ursprüngliche Steilheit von 51 Grad 52 Minuten nur durch den Einsatz sehr großer und sehr genau geformter Steinblöcke zurückzugewinnen war. Diese Überlegung steht hinter den tonnenschweren Riesenquadern der Cheopspyramide!

Fassen wir zusammen: Der Weg vom archaischen Mastabagrab über die Stufenpyramide bis zur Cheopspyramide in ihrer – für viele geheimnisumwitterten – Vollendung ist Schritt für Schritt nachzuzeichnen, und er ist markiert durch Rückschläge, technische Kompromisse, Ersatzlösungen. Was wäre menschlicher? Schon dieser nicht nur glanzvolle Werdegang der Pyramiden schließt eine Einwirkung »von außen« mit Sicherheit aus!

Bleibt die Frage nach dem rätselhaften Böschungswinkel von 51 Grad 52 Minuten, der die irrationale Kreiszahl Pi in die Pyramiden bringt: Pyramidenumfang dividiert durch die doppelte Pyramidenhöhe ergibt den Wert Pi – nicht anders als beim Kreis, wo Kreisumfang dividiert durch den doppelten Kreisradius ebenfalls Pi ergibt.

Daß die Ägypter, ohne die Zahl Pi zu kennen, gerade diesen Böschungswinkel gewählt hatten, schrieb John Taylor der direkten Einwirkung Gottes zu – und aller Wahrscheinlichkeit nach hatte er recht. Nur, es war der Gott der Ägypter, der Sonnengott Rê. Schon die Idee der echten Pyramide war ja in Anlehnung an die Strahlen der Sonne entstanden. Was liegt näher, als auch ihre Steilheit aus der göttlichen Sonnenscheibe abzuleiten?

Irgendwelche abstrakt-geometrischen Ableitungen kommen dabei nicht in Frage. Sie hätten einen mathematischen Kenntnisstand vorausgesetzt, der den praxisbetonten Ägyptern damals nicht zukam.

Aber umgekehrt: Wenn es ein »handfestes« Verfahren gibt, das, von der Sonnenscheibe ausgehend, unmittelbar auf einen bestimmten Böschungswinkel führt, dann werden die Priester und Pharaonen auf dieser von Rê diktierten Form bestanden und sie allen anderen Pyramiden vorgezogen haben. Und genau das ist der Fall!

Aus der Sonnenscheibe läßt sich auf denkbar einfache Weise die Umrißlinie einer Pyramide gewinnen. Man braucht nur eine Kreisscheibe – stellvertretend für die Sonne – abzurollen und sie dann mehrmals übereinanderzusetzen. Fertig!

Im einzelnen sähe das folgendermaßen aus: Man stelle eine beliebig große Kreisscheibe auf eine ebene Unterlage und rolle sie – von einem fixierten Punkt aus – um eine Umdrehung weiter. Am Ende dieser Strekke setze man viermal die Kreisscheibe übereinander (Abb. 21) und markiere den höchsten Punkt. Damit ist bereits eindeutig ein Böschungswinkel und eine Pyramidenform festgelegt; man braucht nur diesen höchsten Punkt mit dem anfangs fixierten Punkt zu verbinden (dicke Umrißlinie in Abb. 21). Diese Konstruktion ist so elementar und leitet sich so unmittelbar aus der Sonnenscheibe ab, daß sie sich den Ägyptern zum Entwurf ihrer Pyramiden geradezu angeboten haben muß.

Und in der Tat, das Resultat entspricht exakt der Umrißlinie der Cheopspyramide. Böschungswinkel: 51 Grad 52 Minuten! So also erklärt sich dieser »magische« Winkel. Nicht durch höhere Eingebung kam er zustande, sondern durch Abrollen und Übereinandersetzen einer Kreisscheibe! Zwangsläufig muß dann auch die Kreiszahl Pi in den Proportionen der Pyramide auftauchen; denn ihre Breite (also auch Umfang) und Höhe sind ja direkt aus Kreisdaten entstanden, aus Kreisumfang und Kreisdurchmesser. Und dabei spielt es keine Rolle, ob die Ägypter diese Zahl kannten oder nicht.

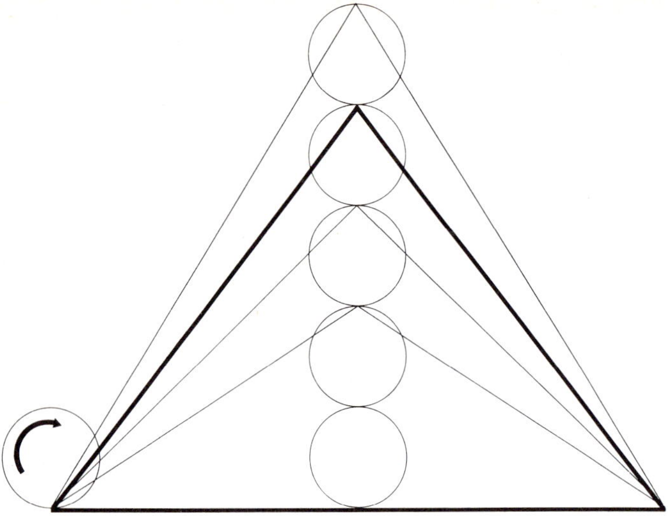

21 Konstruktion des Böschungswinkels durch Abrollen und Übereinandersetzen einer Kreisscheibe.

Dennoch drängt sich ein ernstzunehmender Einwand auf. Wir erwähnten, daß zum Entwurf der Pyramidenhöhe die »Sonnenscheibe« viermal aufeinander gesetzt wurde. Warum gerade viermal? Warum nicht zwei-, drei- oder fünfmal? Auch das wäre ja denkbar.

Die Antwort ist sofort aus Abbildung 21 ersichtlich: Eine Höhe von nur zwei Kreisdurchmessern hätte alles andere als repräsentativ und majestätisch gewirkt, das Bauwerk wäre flacher als eine Stufenpyramide ausgefallen. Umgekehrt: Fünfmal die Scheibe übereinandergesetzt, hätte eine »Spitzpyramide« von technisch nicht zu realisierender Steilheit bedeutet.

Aber interessant wird es beim letzten Fall: drei Kreisdurchmesser als Höhe. Warum haben die Ägypter keine derartigen Pyramiden gebaut? Antwort: Sie haben! Die Stumpfe Pyramide und der obere Teil der Knickpyramide sind genau nach diesem Muster entworfen. So erklärt sich deren seltsamer Böschungswinkel von 43,6 Grad! Zweifellos weniger imponierend, stellen diese Pyramiden die nächstbeste Lösung dar, nachdem die ursprünglich angestrebte Idealform zurückgestellt werden mußte. Mit anderen Worten: Gerade die beiden Ausnahmen bekräftigen, daß die Standardform der Pyramiden mittels einer Kreisscheibe entworfen wurde.

Sie waren massiv aus Stein, formvollendet wie ein Kristall, gebaut für die Ewigkeit – buchstäblich für die Ewigkeit des Pharao. Aber sie hatten einen entscheidenden Nachteil. Als weithin sichtbare Monumente stellten die Pyramiden gleichsam Magnete für Grabräuber dar – eine unübersehbare Herausforderung, sich der kostbaren Grabbeigaben zu bemächtigen. Von hier drohte die einzige wirkliche Gefahr für die Totenruhe der Pharaonen.

Verständlich, daß die Architekten von vornherein gewisse Einbruchssicherungen einbauten, die auch dann noch, wenn der verborgene Pyramideneingang aufgespürt war, ein weiteres Vorstoßen zur Grabkammer verhindern sollten. Bei der Cheopspyramide beispielsweise liegt der Eingang in der Nordflanke, etwa 17 Meter über der Standfläche (Abb. 22). Von dort führt jener Stollen, auf dessen Orientierung zum Himmelspol so großer Wert gelegt wurde, schräg nach unten (s. Abb. 8, S. 25). Wer jedoch diesem Gang abwärts folgt, läuft in die Irre, denn schon nach 18 Metern zweigt – gut getarnt – ein anderer Gang ab, der schräg nach oben führt. Diese Abzweigung war ursprünglich so gekonnt zugemauert und zudem durch drei Granitblöcke versperrt, daß sie weder zu bemerken, geschweige denn zu benutzen war. Der Gang aufwärts läßt sich nur in gebückter Haltung zurücklegen. Nach 40 Metern aber weitet er sich völlig unerwartet zur »Großen Halle«: ein neun Meter hoher und fast 50 Meter langer Raum, umschlossen von Millionen von Steinblöcken! Einen majestätischeren Rahmen für den feierlichen Bestattungszug kann man sich schwerlich vorstellen.

Dann das letzte Hindernis für Grabräuber: ein enger, durch mehrere Fallsteine gesicherter Durchschlupf zur Grabkammer. Sie enthält heute nur noch den massigen, aus einem einzigen Granitblock gehauenen Sarkophag.

Nur der Vollständigkeit halber sei erwähnt, daß es in der Cheopspyramide noch andere Kammern gibt, die ursprünglich wohl als Grabkammern vorgesehen, dann aber während des Baus aufgegeben worden waren. Hier soll es auf etwas anderes ankommen. Trotz der ausgeklügelten Vorkehrungen, um etwaige Grabräuber auszutricksen, war das Gangsystem selbst nach einem recht einfachen und leicht durchschaubaren Prinzip angelegt: Der Eingang an der Nordseite, die Grabkammer senkrecht unter der Pyramidenspitze, dazwischen ein Verbindungsgang, der zwar abfiel oder anstieg, aber nie nach rechts oder links abbog. Entsprechend einfach stellt sich der Grundriß der Cheopspyramide dar (Abb. 23). Da man bei allen Pyramiden zunächst auf dieser Gangführung beharrte, war es für Grabräuber von vornherein klar, wo sie dem Eingang zu suchen hatten oder wo – wenn dies erfolglos blieb – ein Stollen quer durchs Mauerwerk zum Ziel führen mußte.

Die weitere Geschichte des Pyramidenbaus ist denn auch gekennzeich-

22 Der ehemals verborgene Eingang ins Innere der Cheopspyramide. Jeder der mächtigen Gewölbesteine wiegt 15 Tonnen.

net durch immer aufwendigere und raffiniertere Gangsysteme im Innern, während auf das Äußere zusehends weniger Wert gelegt wurde. Überzeugendes Beispiel: die Pyramide von Amenemhêt III., 700 Jahre nach Cheops. Das Mauerwerk bestand nur aus Lehmziegeln mit einer Kalksteinverkleidung, den eigentlichen Schutz des Grabes versprach man sich von einem überaus listig angelegten Labyrinth im Innern, das jeden Eindringling zur Verzweiflung bringen sollte (Abb. 24).

Das beginnt schon mit dem Eingang. Auf der Nordseite sucht man ihn vergebens. Er ist völlig asymmetrisch auf die Südseite verlegt – hinter der Kalksteinfassade verborgen. Aber nehmen wir an, ein findiger Grabräuber habe den Eingang aufgespürt und wolle zur Grabkammer vordringen. Da geht es zunächst einen Treppengang abwärts in eine kleine Kammer. Doch die ist allseitig mit massiven Steinen verschlossen! Was tun? Sollte der Eingang nur eine Finte gewesen sein? Es bedarf schon einigen Spürsinns, um in der Decke der Kammer jenen 20-Tonnen-Steinblock zu entdecken, der sich seitlich bewegen läßt und den weiteren Weg freigibt.

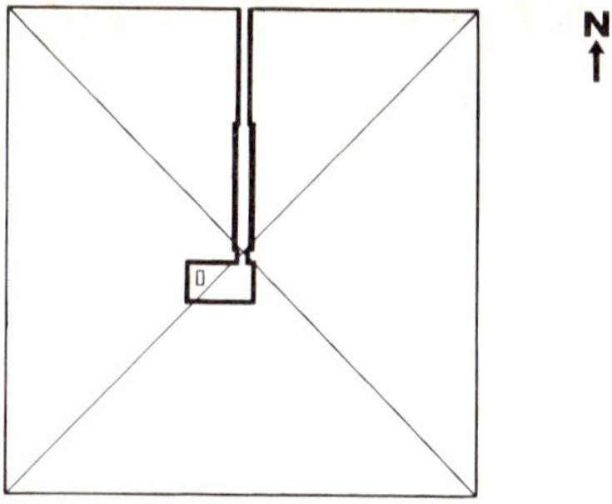

23 Grundriß der Cheopspyramide. Das Gangsystem ist nach einem einfachen Schema angelegt.

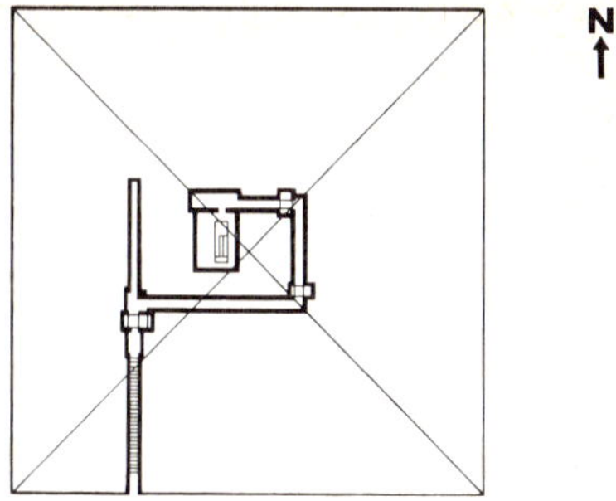

24 Grundriß der Pyramide von Amenemhêt III. Eine raffinierte Anlage der Gänge sollte Schutz vor Grabräubern bieten.

Unser Grabräuber kommt in eine zweite Kammer, von der gleich mehrere Gänge abzweigen. Welchen soll er wählen? Einer davon ist besonders gut durch Sperrblöcke abgeriegelt – offenbar der Zugang zur Grabkammer. Irrtum! Gerade dieser ist ein blinder Gang, der nach 20 schwierigen (!) Metern abrupt endet. Der richtige Weg führt zweimal um die Ecke, und jedesmal gilt es dabei, eine Geheimtür ausfindig zu machen, um weiterzukommen. Aber selbst wenn der Grabräuber dies alles gemeistert hat und in der großen Vorkammer zum Grab steht, ist er noch längst nicht am Ziel: Wände und Decke sind massives Mauerwerk, und auch zwei Schächte im Boden erweisen sich als Irrwege, obwohl sie vorher vielversprechend mit Steinblöcken ausgefüllt waren. Die ganze Mühe umsonst?

Der einzige Zugang zum Grab besteht darin, den Fußboden an einer bestimmten Stelle aufzubrechen, sich schräg nach unten durchzugraben und die tonnenschweren Steinplatten, auf die man dann stößt, zu beseitigen. Sie bilden die Decke der Grabkammer.

Doch aller Scharfsinn der Architekten war vergeblich. Auch die Pyramide Amenemhêts III. wurde – wie alle anderen – nach ihrer Versiegelung ausgeraubt. Der Kampf gegen Grabräuberei war nicht zu gewinnen, solange ein riesiges Steinmonument auf die lohnende Beute hinwies.

Dies war der entscheidende Grund, daß die Ägypter von ihren Pyramidengräbern abrückten und ihre Pharaonen in einem Felsental bei Luxor begruben. Stollen und Kammern, in den massiven Fels getrieben, sollten den Toten zuverlässig zu ihrer Ruhe verhelfen. Und mindestens in einem Fall ist dies ja auch gelungen – bis 1922, als Howard Carter das Grab des Tut-ench-Amun im Tal der Könige entdeckte. Tut-ench-Amun war ein relativ unbedeutender Herrscher. Um so mehr geben die über 2000 kostbaren Schmuck- und Gebrauchsgegenstände – vom silbernen Rasierspiegel bis zum goldenen Thronsessel – eine Ahnung von der »Normalausstattung« eines Pharaonengrabes und damit von der ungeheuren Anziehungskraft, die sie auf Grabräuber ausüben mußte. Ist es nicht denkbar, daß hier geheime Schutzmechanismen eingebaut waren, um Plünderer – oder Archäologen – abzuwehren?

Ein Fluch ohne Wirkung

Wie steht es um den »Fluch der Pharaonen« und seine angeblichen Opfer? Eine Antwort gibt jedes gute Archäologie-Lexikon. Schlägt man dort die Lebensdaten jener Wissenschaftler nach, die eines »vorzeitigen oder übernatürlichen Todes« gestorben sein sollen, weil sie mit dem Grab Tutench-Amuns zu tun hatten, so ergibt sich folgendes Bild:

	Lebensalter
Prof. James H. Breasted	70 Jahre
Prof. Norman de Garis Davies	71 Jahre
Prof. Georges Foucart	81 Jahre
Sir Alan Gardiner	84 Jahre
Prof. Herbert Winlock	66 Jahre

Fazit: Das mittlere Lebensalter jener »verfluchten« Wissenschaftler liegt bei 74,4 Jahren und damit erheblich über dem von nichtverfluchten Durchschnittseuropäern. Das spricht für sich! Ob Fluch oder nicht – auf jeden Fall ist er wirkungslos. Und damit löst sich auf recht simple Weise das fünfte und letzte der Geheimnisse um Ägyptens Gottkönige und ihre Grabmäler.

Durch Pyramiden zum Staat

Es ging mit normalen Dingen zu, als die Ägypter ihre Grabanlagen schufen. Aber es wäre ein arges Mißverständnis zu glauben, die Pyramiden seien dadurch zum »Normalfall« abgestempelt. Mit dem Wissen um das Wie und Warum des Pyramidenbaus wird dieser nicht weniger außergewöhnlich und nicht weniger staunenswert. Das Staunen wird allenfalls an die richtige und verdiente Stelle gerückt. Erst so läßt sich die großartige technische und gesellschaftliche Leistung der Ägypter überhaupt einschätzen und würdigen.

Es ist sicher kein Zufall, daß die Pyramiden eben nicht unter Peitschenhieben und Fronarbeit zustande kamen. Im Gegenteil: Unter dieser gewaltigen Anstrengung sind die Ägypter vom losen und zerstrittenen Stammesverband zum ersten Nationalstaat der Menschheitsgeschichte zusammengewachsen.

Und so gesehen könnten die Pyramiden doch eine Botschaft an uns enthalten – keine außerirdische und keine übernatürliche, sondern die Aufforderung, auch unsere heutigen wiederum zu engen Grenzen der Solidarität auszuweiten und zu einer vernünftigeren und reiferen Form des Zusammenlebens zu finden.

Großtechnische Unternehmungen dürften hier freilich wenig weiterhelfen – das hat das Apollo-Projekt klargemacht. Es müßte eine Pyramide im übertragenen Sinne sein, eine Pyramide gegen nationale Intoleranz und ideologischen Starrsinn.

Wenn wir das aus den Pyramiden herauslesen könnten, dann hätten sie bis heute nicht nur überdauert, sondern auch einen aktuellen Sinn bewahrt.

Mehr als fünf Sinne
Probleme der Zugvogelorientierung

Kuckuck, Kuckuck, ruft's aus dem Busch! Der Kuckuck am Kongo ist derselbe, der bei uns zum »Tanzen und Springen« auffordert und den baldigen Frühling ankündigt. Aber zuvor hat er Tausende von Kilometern zurückzulegen, Nordafrika zu überfliegen, das Mittelmeer und die Alpen zu überwinden, um schließlich, Mitte April, in demselben Waldgebiet einzutreffen, wo er sich das Jahr zuvor aufhielt.

Ähnliches gilt für die anderen Frühlingsboten: Die Schwalben etwa kehren aus Nordafrika zurück, und manche »unserer« Nachtigallen kommt vom Sambesi.

Im Herbst wiederholt sich bekanntlich das gleiche Spiel, nur in umgekehrter Richtung: Die Zugvögel fressen sich ein Fettpolster an, werden auffällig unruhig – und eines Tages sind sie weg, auf dem Weg nach Ägypten oder Angola oder auch »nur« nach Spanien.

Wo die verschiedenen Zugvogelarten ihre Winterquartiere haben und welche Zugroute sie dorthin wählen, fanden die Ornithologen in geduldiger Arbeit während der letzten fünfzig Jahre heraus. Nur manchmal half ihnen dabei ein exotisches Mitbringsel. Wenn etwa ein Storch noch einen Pfeil im Gefieder trug, dessen Machart auf einen bestimmten Eingeborenenstamm schließen ließ, so war dies ein ausgesprochener Glückstreffer (für die Vogelkundler). In der Regel bestand die Arbeit im Einfangen und Beringen von Vögeln. Sie wurden mit einer Metallmanschette, auf der Ort und Datum eingeprägt waren, versehen und dann wieder freigelassen. Von Hunderttausenden solcher beringter Vögel fiel zwar nur ein winziger Bruchteil wieder in die Hände der Wissenschaftler, aber dies genügte, um die meisten Vogelzüge zu rekonstruieren. Und dabei stellten sich einige unglaubliche Leistungen heraus!

Nonstop über den Ozean

Der Fitislaubsänger, ein Vögelchen von sieben Gramm, fliegt vom Polarkreis über den Äquator bis nach Südafrika. Das sind – Umwege nicht gerechnet – runde 10000 Kilometer. In zwei Jahren also hat dieses Leichtgewicht einmal die Erde umrundet – eine Leistung, die allenfalls noch von der Küstenseeschwalbe überboten wird.

Sie ist keine Schwalbe, sondern eine äußerst flugtüchtige Möwe, etwa doppelt so groß wie eine Amsel, und brütet an fast allen nördlichen Küsten, bis hinauf nach Kanada und Grönland. Der Zug der Küstenseeschwalbe führt für die Vögel vom amerikanischen Kontinent aus zunächst über den Atlantik. Dort treffen sie mit den europäischen Populationen zusammen und verfolgen ihren Weg an der Küste Afrikas entlang bis in die Antarktis (Abb. 25). Zweimal jedes Jahr legen sie diesen Flug von Polgebiet zu Polgebiet zurück und kommen dabei bis auf 35000 Kilometer. Der Weitstreckenrekord unter Zugvögeln! Wie oft dabei Freß- und Ruhepausen eingelegt werden, ist nicht bekannt, doch als Meeresvogel hat die Küstenseeschwalbe dazu überall Gelegenheit.

Ganz anders der Pazifische Goldregenpfeifer: Er ist ein typischer Landbewohner und muß trotzdem von der Westküste Alaskas im Nonstop-Flug 6000 Kilometer weit über das freie Meer bis zu den Hawaiischen Inseln ziehen – und diese auch treffen.

Das letzte Beispiel zeigt in aller Deutlichkeit, daß der Vogelzug nicht nur eine Frage der physischen Leistungsfähigkeit ist, sondern ganz besonders auch ein Orientierungsproblem. Woher weiß ein Vogel, in welcher Richtung sein Winterquartier liegt? Wie kann er diese Richtung über Wochen und Monate einhalten und dabei Umwege oder Windversetzungen immer wieder ausgleichen und verrechnen?

In den vergangenen zwei Jahrzehnten, und besonders in den letzten

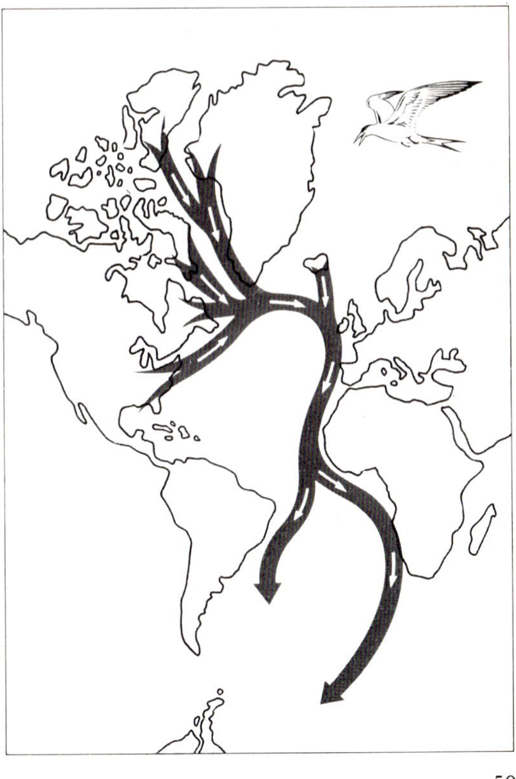

25 Die Küstenseeschwalbe hält den Weitstreckenrekord unter den Zugvögeln. Sie fliegt jedes Jahr bis zu 35000 Kilometer weit.

Jahren, konnten hier wesentliche Teilfragen geklärt werden – nicht zuletzt dank neuer Hilfsmittel wie Radar- oder Computertechnik. Dennoch: Der entscheidende Durchbruch, die endgültige Lösung des Geheimnisses steht noch aus. Die Erforschung des Vogelzugs ist spannender denn je.

Wo die Schwierigkeiten liegen, zeigt besonders klar das Beispiel der Baltischen Stare. Diese Stare brüten im Baltikum und in einem recht weiten Umkreis rund um die Ostsee. Ihr Winterquartier ist, gar nicht so weit entfernt, das Gebiet von Nordfrankreich und Südengland – das heißt, die Stare müssen im Herbst geraden Kurs nach Südwesten halten und im Frühjahr umgekehrt nach Nordosten zurück. Dies scheint keine besonderen navigatorischen Fähigkeiten vorauszusetzen, wenn man annimmt, daß die Stare angeborenermaßen eine Information über die Richtung zwischen Winter- und Brutquartier besitzen.

Problematisch wurde die Geschichte erst, als A. Perdeck, ein holländischer Wissenschaftler, 11000 Stare bei ihrem Durchzug durch Holland einfing, sie beringte, per Flugzeug in die Schweiz verfrachtete und sie erst dort wieder freiließ. Wie würden sich die Stare verhalten? Völlig unerwartet teilten sie sich in zwei Gruppen: Die Jungvögel, die noch nie überwintert hatten, behielten die angestammte Süd-West-Richtung bei und landeten jetzt in Südfrankreich und Spanien. Sie hatten sich streng an ihren »inneren Kompaß« gehalten. Ganz anders die erfahrenen Stare, die mindestens schon einmal einen Zug mitgemacht hatten: Sie flogen geradewegs in ihr gewohntes Winterquartier nach Nordfrankreich (Abb. 26).

Dieser Unterschied zwischen Jung- und Altstaren macht deutlich, daß hier schwerlich ein einfaches Orientierungsmodell vorliegen kann, sondern daß man mit einem eng verflochtenen Nebeneinander von angeborenen und erlernten Fähigkeiten rechnen muß. Offenbar hatten es die

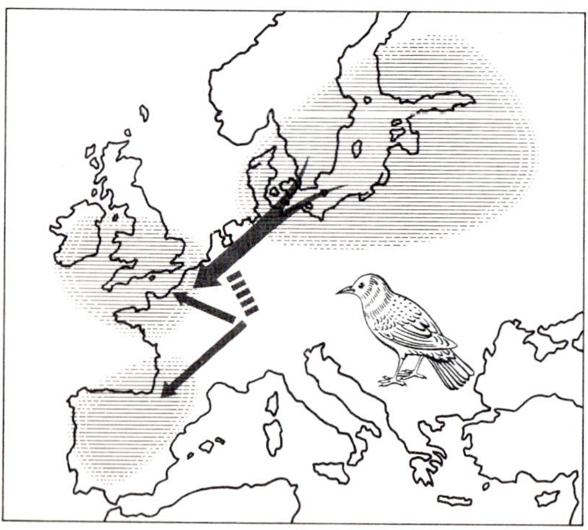

26 Baltische Stare wurden aus Holland in die Schweiz verfrachtet. Nur erfahrene Altstare fanden von dort ihre Winterquartiere.

Altstare auf irgendeine Weise gelernt, ihren Flug so einzurichten, daß damit die Verfrachtung im Flugzeug kompensiert wurde. Sie konnten regelrecht »navigieren«.

Modell Brieftaube

Was die Altstare in Perdecks Versuch zuwege brachten, beherrschen Brieftauben par excellence. Das erst macht sie zu Brieftauben. Bekanntlich finden diese Vögel, wohin man sie auch bringt, wieder zurück in den heimatlichen Schlag – eine Fähigkeit, die schon die Perser und Assyrer bei ihren Kriegszügen nutzten, um Nachrichten von der Front nach Hause zu schicken. Und auch heute wird dieses Heimfindevermögen in zahlreichen Brieftaubenrennen immer wieder unter Beweis gestellt. Die Renntauben – oft sind es mehrere tausend – werden an einem entfernten Startpunkt gleichzeitig »aufgelassen« und fliegen von dort ihre Heimatschläge an. Aus dem genauen Ankunftstermin ermittelt sich die Durchschnittsgeschwindigkeit und danach der Sieger. Eine gute Taube schafft einen Schnitt von 60 bis 70 Kilometern pro Stunde und bis zu 800 Kilometer am Tag.

Brieftauben scheinen eine ideale Möglichkeit zu bieten, das Geheimnis der Vogelorientierung zu lüften. Sie sind robust, bequem zu halten und beherrschen ihre Navigationskünste das ganze Jahr über. Und tatsächlich machte man sich schon im vergangenen Jahrhundert Gedanken über die Art des Kompasses, den Brieftauben offensichtlich besitzen.

Das Nächstliegende war natürlich eine Orientierung am Magnetfeld der Erde – ein biologischer Magnetkompaß also, entsprechend unseren technischen Kompaßgeräten. Aber schon damals wurde dieser Gedanke durch ein ebenso einfaches wie überzeugendes Argument vom Tisch gefegt: Man band einer Brieftaube einen Magneten um, der wesentlich stärker war als das Erdmagnetfeld und mit Sicherheit den biologischen Magnetkompaß gestört hätte – wäre er vorhanden gewesen. Die Experimentiertaube jedoch ließ sich nicht im geringsten verwirren. Unbeirrt und zielsicher fand sie nach Hause. Fortan war der Magnetkompaß indiskutabel in Ornithologenkreisen. Erst vor ein paar Jahren trat hier eine Änderung ein, als man feststellte, daß der damalige Versuch einen entscheidenden Denkfehler enthielt. Wir kommen darauf zurück.

Sonnenkompaß und Zeitsinn

Als weitere, zumindest theoretisch denkbare Orientierungsmöglichkeit bot sich die Sonne an. Davon machen wir ja selbst Gebrauch, wenn wir uns einen groben Überblick über die Himmelsrichtungen verschaffen wollen: Im Osten geht die Sonne auf, mittags steht sie im Süden, im Westen geht sie unter. Und wer es genau wissen will, der richtet den kleinen Zeiger seiner Uhr auf die Sonne – dann ist Süden stets in der Mitte zwischen dem kleinen Zeiger und der Zwölf. Sollten sich Brieftauben in analoger Weise am Sonnenstand orientieren?

Im Jahre 1949 machte Gustav Kramer im Max-Planck-Institut für Meeresbiologie in Wilhelmshaven einige aufsehenerregende Experimente. Er manipulierte für seine Brieftauben den Sonnenstand. Mit Hilfe von Spiegeln konnte er ihnen jede beliebige Position der Sonne vorspiegeln. Das Ergebnis fiel eindeutig aus: Falscher Sonnenstand – falsche Orientierung. Offensichtlich besaßen die Tauben eine Art Sonnenkompaß und richteten sich danach.

Dies freilich machte eine weitere Annahme nötig: Brieftauben müssen mit einem Zeitsinn, mit einer »inneren Uhr«, ausgerüstet sein. Nur so können sie die Bewegung der Sonne, die pro Stunde um 15 Grad weiterrückt, berücksichtigen und ausgleichen. Ein Beispiel: Der Heimatschlag liege genau im Süden. Wenn die Brieftaube um sechs Uhr morgens startet – die Sonne also im Osten steht –, dann muß sie rechtwinklig zur Sonnenrichtung abfliegen. Soll der Kurs aber geradlinig bleiben, so ist der Winkel zur Sonne ständig zu verkleinern – pro Stunde um 15 Grad –, so daß die Taube um zwölf Uhr genau auf die Sonne zuhält, nach Süden also. Und Entsprechendes gilt für die zweite Tageshälfte, wo die Sonne zunehmend rechts vom Kurs liegen muß.

Darf man Brieftauben einen so präzisen Zeitsinn zumuten, der dasselbe leistet wie Zifferblatt und Zeiger für uns? Kramer und seine Studenten fanden einen sehr eleganten Weg, die Hypothese von der inneren Uhr zu prüfen: Sie versuchten, diese Uhr zu verstellen. Die Wissenschaftler hielten Brieftauben in geschlossenen Räumen und simulierten den Wechsel von Tag und Nacht durch künstliches Licht. Das Besondere dabei war, daß sie – unmerklich für die Vögel – jeden Tag und jede Nacht etwas verkürzten, so lange, bis der Tag-Nacht-Rhythmus um volle sechs Stunden verschoben war, und damit auch die innere Uhr der Vögel um sechs Stunden vorging.

Daß die Uhr tatsächlich vorging, zeigte sich am Verhalten der Tauben, als man sie anschließend unter freiem Himmel auflieẞ: Sie flogen nicht zum Heimatschlag, sondern wählten eine um 90 Grad verdrehte Richtung. In unserem eben genannten Beispiel würden die so vorbereiteten Brieftauben nicht nach Süden, sondern nach Osten starten. Klar: Denn morgens um sechs Uhr zeigt ihre verstellte innere Uhr schon zwölf Uhr an, und um diese Zeit – das »weiß« die Taube – muß sie direkt in Sonnenrichtung fliegen.

Zahllose Versuche dieser Art stellten einwandfrei sicher, daß Brieftauben eine genaugehende innere Uhr besitzen und sie zur Orientierung am Sonnenstand einsetzen. Doch über eines muß man sich klar sein: Ein solcher Sonnenkompaß kann zwar erklären, wie eine Brieftaube Kurs hält, aber er kann nicht erklären, wie sie nach Hause findet. Man stelle sich einmal vor, man wäre irgendwohin in unbekanntes Gelände »verfrachtet« worden und wolle jetzt nach Hause finden. Da nützt es gar nichts, einen Kompaß bei sich zu haben. Man braucht außerdem eine Landkarte und muß wissen, wo auf dieser Karte der augenblickliche Aufenthaltsort und der Heimatort sind. Erst dies ermöglicht, die Richtung für den Nachhauseweg zu bestimmen und sie dann mit Hilfe des Kompasses einzuhalten. Zur echten Navigation, wie sie Brieftauben beherrschen, sind grundsätzlich Kompaß *und* Karte nötig. Was den Vögeln als Karte dient – darüber zerbrechen sich die Ornithologen bis heute den Kopf.

Haftschalen für Brieftauben

Eine Möglichkeit, die immer wieder in Erwägung gezogen wurde, sind auffallende Geländemerkmale, sogenannte Landmarken, die eine Art Leuchtturmrolle für Zugvögel oder Brieftauben spielen könnten. Beispiele dafür gibt es: Die Störche, aus Nordafrika kommend, ziehen nicht geradewegs übers Mittelmeer, sondern folgen in großem Bogen der Meeresküste. Dies sogar auf zwei unterschiedlichen Routen. Ein Teil der Störche folgt der Ostküste und überfliegt den Bosporus, während der andere Teil den westlichen Weg über die Straße von Gibraltar nimmt. In beiden Fällen dient die Küstenlinie offensichtlich als Landmarke zur Navigation.

Aber welche Landmarken sollte der Pazifische Goldregenpfeifer bei seinem 6000 Kilometer langen Flug über den freien Ozean benutzen? Und auch von Brieftauben steht fest, daß sie nicht auf Landmarken angewiesen sind. Dafür lieferte Professor Schmidt-König an der Universität Tübingen einen beeindruckenden Beleg. Er stattete seine Brieftauben mit getrübten Haftschalen aus, die nur eine Sicht von wenigen Metern erlaubten. Irgendwelche entfernten Details im Gelände zu erkennen war ausgeschlossen. Eine unmittelbare Gefahr für die Tiere bestand jedoch nicht. Falls sich eine Taube verflog, konnte sie ihre »Brille« mit den Krallen entfernen.

Aber dies war in den seltensten Fällen nötig. Normalerweise fanden die sehbehinderten Tiere über hundert Kilometer weit in ihren Heimatschlag zurück. Oder, um es genau zu sagen: in die unmittelbare Umgebung des Schlages. Sie kamen in großer Höhe an, flatterten dann fast senkrecht herunter und landeten auf dem Boden. Den Schlag selbst konnten sie durch ihre Haftschalen nicht erkennen, und so mußten sie für das letzte Stück – oft waren es nur ein paar Meter – von den Wissenschaftlern eingesammelt und getragen werden.

Überzeugender kann die Unabhängigkeit von Landmarken kaum demonstriert werden. Lediglich auf den letzten hundert oder zweihundert Metern ihrer Heimreise, wenn der Schlag bereits in Sichtweite ist, sind Brieftauben auf ihr normales Sehvermögen angewiesen. Die eigentliche Navigation muß über andere Sinne erfolgen. Aber welche? Wie soll man sich einen Spürsinn vorstellen, der jederzeit registriert, wie weit und in welcher Richtung man vom Heimatort entfernt ist?

Navigation durch Trägheit

Tatsächlich hat die Luft- und Raumfahrttechnologie ein Gerät entwickelt, das genau dieses leistet! Das sogenannte Trägheits-Navigationssystem benötigt weder Sonne noch Sterne, noch die Erde, und doch »weiß« es jederzeit, wo man sich in bezug auf den Startpunkt befindet. Ein kleiner technischer Exkurs soll deutlich machen, wie das vor sich geht.

Es ist eine simple Tatsache, daß jede Ortsveränderung – wenn man von einer Ruheposition ausgeht – nur durch Beschleunigung erreicht werden kann. Das gilt für den Fußgänger gleichermaßen wie für die Weltraumrakete. Beschleunigungen aber sind leicht zu registrieren. Wir spüren sie ja selbst in Form von Trägheitskräften, wenn wir als Autofahrer beim Gasgeben in die Sitze gepreßt oder in der Kurve zur Seite gedrückt werden. Würde man im Auto ein Fadenpendel aufhängen, so könnte man, wenn man den Rechenaufwand nicht scheut, aus den Ausschlägen des Pendels die Fahrtstrecke rekonstruieren. Und genau dieses Prinzip macht sich das Trägheits-Navigationssystem zunutze!

Auf drei raumstabilen Kreiselplattformen sind Pendelmechanismen angebracht, die jede Beschleunigung oder Verzögerung in eine der drei Raumrichtungen registrieren. Aus der Dauer und Stärke der Beschleunigungen lassen sich dann die Geschwindigkeit und hieraus die zurückgelegte Wegstrecke errechnen – eine Aufgabe für den angeschlossenen Computer, der, im Fachjargon gesprochen, eine zweifache Integration über die Zeit durchzuführen hat. Und das Resultat ist beeindruckend!

Um 5.30 Uhr, kurz nach Sonnenaufgang, hob der dreistrahlige Europa-Jet der Lufthansa in Hamburg-Fuhlsbüttel ab. Kurs: die Nordseeinsel Helgoland. An Bord: die Besatzung um Flugkapitän Hempel sowie unser Filmteam – und als Anlaß des ungewöhnlichen Fluges ein eisschrankgroßer Kasten in der ersten Klasse, eben ein Trägheits-Navigationssystem. Das einzige, was daran auffiel, waren die ständig wechselnden Leuchtziffern, die jeden Augenblick die Längen- und Breitengrade unserer Position anzeigten (Abb. 27). Als wir Helgoland überflogen, notierten wir 54 Grad 11,9 Minuten für die geographische Breite und 7 Grad 57,7 Minuten für die geographische Länge. Und dann begann das Spiel, das wir mit Flugkapitän Hempel abgesprochen hatten und mit dem wir die Leistungsfähigkeit eines Trägheits-Navigationssystems demonstrieren wollten.

Die Kabinenfenster wurden verdunkelt. Zehn Minuten lang flog Kapitän Hempel die Boeing 727 kurvenreich irgendwo hinaus über die Nordsee. Wir wurden gewissermaßen »verfrachtet« wie Brieftauben, und unsere selbstgestellte Aufgabe hieß: zurückzunavigieren nach Helgoland. Ohne Sicht nach draußen und nur telefonisch mit dem Cockpit verbunden, waren die Leuchtziffern des »Eisschranks« unsere einzige Informationsquelle. Mit »mehr rechts«, »mehr links« und »geradeaus« dirigierten wir den Piloten, bis wieder die notierten Koordinaten von Helgoland auf der Anzeige erschienen. Fensterrollo hoch! Unter uns lag die Insel. Wir hatten den »Heimatschlag« wiedergefunden!

Technisch also geht es. Sollten auch Brieftauben mit Trägheits-Navigation arbeiten? Unterstützt wird diese Vermutung durch das Gleichgewichtsorgan von Brieftauben, das (wie auch unser eigenes) tatsächlich nach diesem Prinzip arbeitet. Es ist im Innenohr untergebracht und besteht aus drei senkrecht zueinander angeordneten Bogengängen, die mit einer Flüssigkeit gefüllt sind. Jede Bewegung der Flüssigkeit wird durch feine Sinneshärchen, die in die Bogengänge hineinragen, registriert – zum Beispiel das Nicken oder Drehen des Kopfes. Dann führt die Flüssigkeit aufgrund ihrer Trägheit eine Bewegung durch, nicht anders als das Pendel im Auto, von dem vorhin die Rede war.

Mit Hilfe ihres Gleichgewichtsorgans könnte eine Brieftaube jede Bewegung während ihrer Verfrachtung wahrnehmen, sie speichern und mit dieser Information zurücknavigieren. Ist das die Lösung? Leider nicht. Denn man hat Brieftauben in tiefer Narkose verfrachtet, man hat sie in rotierenden Trommeln unter Vorspiegelung »falscher« Trägheitskräfte verschickt, und man hat sogar ihre Bogengänge zerstört. Und trotzdem fanden sie nach Hause. Bis heute weiß niemand, wie sie es anstellten.

Die zahmen Brieftauben jedenfalls erwiesen sich keineswegs als »bequemer Modellfall«, um die Rätsel des Vogelzugs zu lösen. Im Gegenteil: Nicht einmal ihr Sonnenkompaß konnte einfach auf Zugvögel übertragen werden. Radarbeobachtungen zeigten nämlich zweifelsfrei, daß die Hauptwanderungen zur Nachtzeit stattfinden. Sollte es auch einen Sternenkompaß geben? Und was geschieht bei Bewölkung? Es schien notwendig, mit wilden Zugvögeln zur Zeit ihrer Zugaktivität zu arbeiten. Aber das war leichter gesagt als getan. Wie sollte man mit ungezähmten Vögeln im freien Gelände, dazu noch nachts, Experimente anstellen? Wieder war es Gustav Kramer, der mit einer entscheidenden Entdeckung weiterhalf. Es gelang ihm, »den Vogelzug ins Labor zu holen«.

27 Leuchtanzeige eines Trägheits-Navigationssystems. Die Ziffern geben die Längen- und Breitengrade des Aufenthaltsortes an.

Aktivität im Trichter

Kramer bemerkte, daß Zugvögel auch in Gefangenschaft von der typischen Zugunruhe befallen werden. Wenn ihre Zugzeit nahte, hüpften sie unentwegt und aufgeregt auf ihren Sitzstangen hin und her, und immer wieder flogen sie auch, wie unter einem inneren Zwang, das Käfiggitter an. Und an diesem Punkt setzte Kramers Beobachtungsgabe ein: So aufgeregt und scheinbar ziellos die Vögel auch hüpften und flatterten, insgesamt gesehen bevorzugten sie doch eine bestimmte Richtung – die Richtung, in der ihr Winterquartier lag. Die Zugunruhe der Zugvögel ist gerichtet! Mit dieser Beobachtung eröffnete Kramer ein völlig neues Feld der Zugvogelforschung, und seine Kollegen gingen begeistert darauf ein.

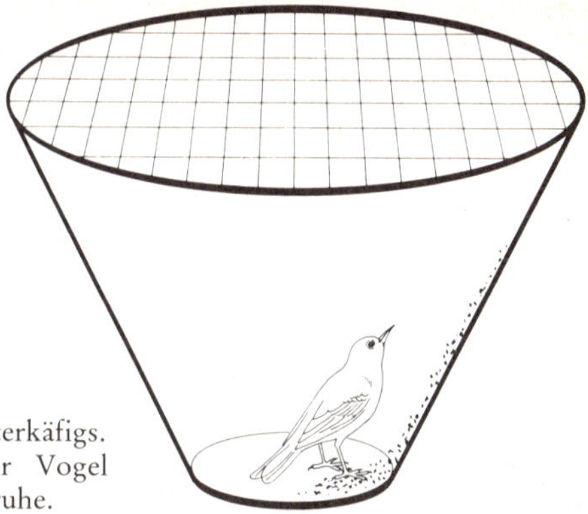

28 Schema eines einfachen Trichterkäfigs. Durch Fußspuren markiert der Vogel selbst die Richtung seiner Zugunruhe.

Zunächst galt es, das mühsame und zudem recht ungenaue Beobachten einer Vorzugsrichtung in irgendeiner Weise zu automatisieren. Hier fand der amerikanische Ornithologe Emlen eine genial einfache Lösung. Er konstruierte einen trichterförmigen Käfig, dessen Wand mit Fließpapier ausgelegt war und dessen Fußboden aus einem Stempelkissen bestand. Ein darüber gespanntes Netz schloß den Käfig nach oben ab (Abb. 28).

Der »Witz« dieser Anordnung bestand darin, daß ein eingesperrter

29 Trichterkäfig mit Infrarotschranken. Sie registrieren jede Bewegung des Vogels. Ein Computer berechnet die Vorzugsrichtung.

Vogel jetzt selbst die Aufzeichnung seiner Bewegungen im Käfig übernahm: Bei jedem Anflug auf die Trichterwand hinterließ er stempelfarbene Fußspuren auf dem Fließpapier, um dann wieder, weil es an der glatten Wand kein Halten gab, auf das Stempelkissen zurückzurutschen. Am Morgen nach einer zugunruhigen Nacht brauchte der Wissenschaftler dann nur den Schwärzungsgrad des Fließpapiers in Augenschein zu nehmen. Der dunkelste Sektor verriet ihm die Vorzugsrichtung des Vogels.

In einigen Instituten wurden diese Trichterkäfige noch weiter automatisiert und Fließpapier wie Stempelkissen durch »zeitgemäße« Techniken ersetzt: Abb. 29 zeigt beispielsweise einen Käfig, wo die Bewegungen des Vogels durch Infrarot-Schranken registriert und per Computer ausgewertet werden.

Doch ungeachtet aller Verbesserungen, entscheidend an den Trichterkäfigen blieb, daß man damit die Zugrichtung der Vögel unter den verschiedensten experimentellen Bedingungen prüfen konnte – ohne daß sie wegflogen. Jetzt erst war beispielsweise die Frage nach dem Sternenkompaß in Angriff zu nehmen. Können sich Zugvögel bei Nacht an den Sternen orientieren? Antwort: Sie können! Eindeutig wählten sie bei sternklarem Nachthimmel ihre angestammte Zugrichtung. Bei geschlossener Wolkendecke hingegen wirkten sie sehr desorientiert. An der Existenz eines Sternenkompasses – das bewies eine Fülle von Versuchen – war nicht zu zweifeln!

Sternbilder als Wegweiser

Doch damit hatte sich die Zahl der offenen Fragen kaum verringert. Wie arbeitet dieser Kompaß? Ähnlich wie der Sonnenkompaß? Und auf welche Sterne kommt es dabei an? Es lag nahe, zur Klärung dieser Fragen den natürlichen Sternhimmel gegen einen künstlichen Himmel auszutauschen. Man zog mit den Zugvögeln ins Planetarium! Dort konnte man die Zahl der Sterne, deren Position und Bewegung in beliebiger Weise manipulieren.

Als erstes galt es zu klären, ob die Vögel sich analog zum Sonnenkompaß an der Bewegung der Sterne orientieren – auch die Sterne wandern ja wie die Sonne um 15 Grad pro Stunde über den Himmel. Das bewährte Testverfahren, das Verstellen der inneren Uhr, blieb hier jedoch ohne Wirkung. Nach wie vor hielten die Zugvögel ihre Zugrichtung ein. Ebenso blieb das Vor- und Zurückdrehen des Sternhimmels um mehrere Stunden ohne Einfluß. Offensichtlich werden die Sterne zeitunabhängig ausgewertet, also völlig anders als die Sonne. Aber was bedeutet »die« Sterne? Welche unter den Tausenden von Lichtpunkten sind die entscheidenden?

Bei solchen Fragen konnte man die Vorzüge eines Planetariums voll ausspielen: Man knipst einfach einzelne Sterne oder Sterngruppen an der Planetariumskuppel aus und beobachtete, ob und wie sehr dies den Sternenkompaß durcheinanderbrachte. Es stellte sich heraus, daß die Vögel sich in erster Linie an Sternbilder hielten – so wie wir es auch tun, wenn wir den Großen Wagen oder den Orion suchen, um uns am Nachthimmel zurechtzufinden. Freilich ist kaum anzunehmen, daß es gerade »unsere« Sternbilder sind, nach denen sich Zugvögel richten, aber immerhin: Die maßgebliche Himmelsregion scheint jenes Gebiet um den Polarstern zu sein, wo so markante Sternbilder stehen wie der Große Wagen, der Kleine Wagen oder die Cassiopeia.

Zudem zeigte sich, daß zur Orientierung bereits der eine oder andere Ausschnitt aus dem Zirkumpolar-Gebiet ausreichte. Salopp gesprochen: Wenn die Cassiopeia abgeschaltet wurde, dann stiegen die Vögel um auf den Großen Wagen. Das ist natürlich eine äußerst zweckmäßige Fähigkeit für den Flug bei aufgelockerter Bewölkung, wo die Durchblicke auf den Sternhimmel sehr rasch wechseln können.

Viel war allerdings auch mit dieser Erkenntnis nicht gewonnen, denn Sternbilder allein können, auf Grund ihrer Bewegung am Himmel, keine Richtungsweiser sein – ausgenommen der Polarstern, der »fest« im Norden steht. Aber eine angeborene Kenntnis des Polarsterns unter der verwirrenden Fülle aller anderen Sterne anzunehmen, das ging den Vogelforschern denn doch zu weit.

Statt dessen diskutierten und diskutieren sie eine besondere Sinneswahrnehmung bei Zugvögeln, die uns Menschen fehlt: Zugvögel sind, so die Hypothese, in der Lage, die Drehung des Himmelsgewölbes zu erkennen. Sie sehen die – für unsere Augen zu langsam ablaufende – Rotation der Sterne um den Himmelspol, und damit den Himmelspol selbst.

Ein falscher Nachthimmel mit Konsequenzen

Um die Hypothese zu testen, machte der vorhin schon erwähnte Wissenschaftler Stephen Emlen mit Indigofinken ein pfiffiges Experiment. Er bastelte seinen Sternenprojektor so um, daß die Planetariumssterne nicht mehr um den Polarstern, sondern um Beteigeuze im Sternbild Orion kreisten. Zwei Monate hielt Emlen seine Indigofinken unter diesem »falschen« Nachthimmel, dann prüfte er ihre Zugrichtung, die normalerweise Polarstern-abgewandt nach Süden zeigt. Jetzt aber zog es die Vögel klar in eine andere Richtung, nämlich hinweg von Beteigeuze. Mit anderen Worten: Beteigeuze hatte die Rolle des Polarsterns übernommen.

Dies konnte nur bedeuten, daß die Indigofinken angeborenermaßen in der Lage waren, den Drehpunkt des Nachthimmels zu sehen. Erst in einem zweiten Schritt, so vermutet Emlen, lernen es Zugvögel dann, von einzelnen Sternbildern auf die Lage des Himmelspols zu schließen – so daß sie diesen selbst gar nicht mehr als Anhaltspunkt brauchen.

Der Sinn einer solchen Kombination von angeborenen und erworbenen Fähigkeiten ist vielleicht in dem Dilemma zu suchen, daß der Sternenkompaß einerseits Hunderttausende von Vogelgenerationen sicher leiten soll, daß andererseits der Sternhimmel selbst in dieser Zeit langfristigen Veränderungen unterworfen ist: Die langsam kreiselnde Bewegung der Erdachse, die sogenannte Präzession, bringt es mit sich, daß sich der Himmelspol und damit die nächtliche Rotation der Sterne in einem 26000jährigen Zyklus verändern. Vor 13000 Jahren beispielsweise war die Wega der Himmelspol, um sie kreisten alle Sterne, einschließlich unseres heutigen Polarsterns. Norden war dort, wo die Wega stand.

Es gibt also weder Sterne noch Sternbilder am Himmel, die gleichbleibend die Nordrichtung markieren würden. Der einzige Punkt, der – per definitionem – immer und exakt in Geographisch-Nord steht, ist der Drehpunkt des Himmelsgewölbes. Seine Wahrnehmung genetisch im

30 Rundkäfig mit Sitzstangen. Während der Experimente ist der Käfig überdacht, so daß der Himmel nicht zu sehen ist.

Artgedächtnis der Zugvögel zu verankern, ist daher die beste Garantie für die Gültigkeit des Sternenkompasses über Jahrhunderttausende hinweg. Als »aktuelle« Verbesserung, vor allem für Schlechtwetterverhältnisse, kommt dann die individuell erlernte Auswertung von Sternbildern hinzu.

Doch so elegant und wirkungsvoll sich dieser Sternenkompaß auch darstellt, es gab schon in den frühen 60er Jahren einen Hinweis, der überhaupt nicht in dieses Bild passen wollte und der die Ornithologen gewaltig verunsicherte.

Umstrittener Magnetsinn

Ausgangspunkt war ein nächtlicher Wutausbruch. Und der Wissenschaftler auf dem Dach des Zoologischen Instituts in Frankfurt hatte allen Grund dazu: Seine Zugvögel, deren Sternenkompaß er untersuchen wollte, waren dermaßen vom hellen Großstadthimmel irritiert, daß sie

31 Prof. W. Wiltschko demonstriert seine Versuchsanordnung: Mit Hilfe zweier Spulen läßt sich das Magnetfeld im Käfig um 90 Grad drehen.

überhaupt kein Zugverhalten mehr zeigten. Wütend und verzweifelt warf er ein Tuch über die Käfige und ging nach Hause. Anderntags aber war die Überraschung groß: Unter dem Tuch, völlig abgeschnitten von der Außenwelt, hatten die Vögel eindeutig ihre angestammte Zugrichtung eingeschlagen. »Purer Zufall«, hätte wohl mancher gesagt und die Geschichte vergessen, doch in Frankfurt wollte man es genau wissen und ging der Sache systematisch nach.

Für die Testvögel – es waren Rotkehlchen – entwickelte man spezielle, vollständig geschlossene Rundkäfige. Einzige Ausstattung: 16 radial angeordnete Sitzstangen (jeweils zwei übereinander), zwischen denen die Rotkehlchen hin und her hüpfen konnten (Abb. 30). Der Trick dabei war, daß diese Stangen, sobald sie angeflogen wurden, unter dem Gewicht des Vogels etwas nachgaben und einen elektrischen Zählkontakt schlossen. So wurde automatisch gezählt und errechnet, in welchem Käfigsektor sich der Vogel bevorzugt aufhielt.

Das Resultat ließ keinen Zweifel: Auch ohne Sicht des Sternhimmels zog es die Rotkehlchen in die Richtung ihres Winterquartiers. Woher bekamen sie im Dunkel des Käfigs ihre Information? Wieder einmal – wie seinerzeit bei Brieftauben – fiel der Verdacht auf das irdische Magnetfeld, denn ungehindert durchdringt es Käfigwände und ist als Grundlage für ein Kompaßsystem bekanntlich bestens geeignet. Sollte doch etwas dran sein am Magnetkompaß der Zugvögel?

Für die Frankfurter Wissenschaftler um Professor Wiltschko wurde der Verdacht zum gesicherten Wissen, als sie ihre Rotkehlchen einem »falschen« Erdmagnetfeld aussetzten. Der Käfig kam zwischen zwei große Magnetspulen (Abb. 31), wo ein Feld herrschte, das genauso stark wie das Erdmagnetfeld, jedoch um 90 Grad gedreht war. Ergebnis: Auch die Zugrichtung der Rotkehlchen war jetzt um 90 Grad verdreht. Statt nach Süden wollten sie nunmehr nach Osten ins vermeintliche Winterquartier.

Damit war die Existenz eines Magnetkompasses zunächst bei Rotkehlchen, später auch bei anderen Zugvögeln eindeutig nachgewiesen – und zwar nach demselben Prinzip, das auch den Planetariumsversuchen zugrunde lag. Dort manipulierte man den Nachthimmel, hier das irdische Magnetfeld. In beiden Fällen wurde die naturgegebene Situation verfälscht, um zu erfahren, auf welche Umweltinformationen Zugvögel angewiesen sind, wenn sie über riesige Entfernungen hinweg ihre Flugrichtung einhalten.

Trotzdem blieb der Magnetkompaß jahrelang umstritten. Er paßte nicht ins Konzept der Ornithologen. Elf Arbeitsgruppen an in- und ausländischen Universitäten versuchten sich an »Gegenbeweisen«, und diese Skepsis der Fachkollegen kam nicht von ungefähr: Schließlich hatte man nicht nur einmal, sondern Hunderte von Malen nachgeprüft, daß es die Sterne sind, von denen sich Zugvögel leiten lassen. Daran war nicht zu rütteln. Außerdem galt der Magnetkompaß als widerlegt für Brieftauben.

Es war nicht einzusehen, warum die nahverwandten Zugvögel hier »aus der Reihe tanzen« sollten.

Taubenrennen an trüben Tagen

Beide Einwände wurden jedoch schlagartig entkräftet, als vor wenigen Jahren einem amerikanischen Vogelforscher auffiel, was jeder Brieftaubenliebhaber ohnehin wußte: Brieftauben sind nicht nur bei Sonne navigationstüchtig. Auch bei bedecktem Himmel wurden schon Rennen »gefahren«, und die Tauben fanden in der Regel den heimatlichen Schlag.

Mit dem Sonnenkompaß war dies kaum mehr zu verstehen. Selbst die Annahme, Brieftauben könnten durch die Wolkendecke hindurch die Sonne orten, ließ sich nicht halten, denn dies hätte bei Verstellen der inneren Uhr in bekannter Weise zu einer Fehlorientierung führen müssen. Doch die Zeitverschiebung blieb ohne Wirkung. Bei bedecktem Himmel spielt der Sonnenkompaß keine Rolle!

An seine Stelle tritt – das war die aufsehenerregende Überraschung – der längst »widerlegte« Magnetkompaß! Jetzt, bei bedecktem Himmel nämlich, stiftete ein kleiner Magnet, den man den Brieftauben umband, totale Verwirrung: Sie hatten keine Ahnung mehr, in welche Richtung sie sich wenden sollten. Ihr Magnetkompaß war gestört.

Der Fehler von einst, als man glaubte, den Magnetkompaß ein für allemal ausgeschieden zu haben, lag in der ungeprüften Unterstellung, Brieftauben besäßen nur ein einziges Orientierungssystem. Sie haben mindestens zwei! Solange der Himmel klar ist, orientieren sie sich an der Sonne, und wenn diese Möglichkeit ausfällt, schalten sie um auf Magnetkompaß.

Und nach dieser Lektion wollen die Vogelforscher heute nicht ausschließen, daß es noch weitere Orientierungsmöglichkeiten geben könnte – beispielsweise Luftströmungen oder die Auswertung von Gerüchen, die mit einer bestimmten Windrichtung verbunden sind. Dies wird tatsächlich diskutiert.

Es versteht sich, daß mit der Entdeckung des Magnetkompasses bei Brieftauben dieser auch bei Zugvögeln »salonfähig« wurde, und heute zweifelt niemand mehr an seiner Existenz. Man weiß sogar, daß Zugvögel nur auf Magnetfelder ansprechen, deren Stärke ungefähr dem irdischen Feld entspricht (0,46 Gauß in Frankfurt). Andere Felder »spüren« sie gar nicht, es sei denn, man gibt ihnen Gelegenheit, sich langsam im Laufe einiger Tage daran zu gewöhnen. Und dies hat Sinn: Wie sonst sollten sich weit ziehende Vogelarten auf eine abweichende lokale Feldstärke im Brut- oder Winterquartier einstellen?

Wesentlich gravierender war jedoch ein anderes Problem, das bei der »Installation« des Magnetkompasses gelöst werden mußte. Immer wieder im Laufe der Erdgeschichte hat sich das irdische Magnetfeld umgepolt. Aus Magnetisch-Nord wurde Magnetisch-Süd und umgekehrt. Welches Risiko dies für Zugvögel heraufbeschwor, läßt sich leicht ausmalen: Das um 180 Grad gedrehte Magnetfeld hätte sie eigentlich zum eisigen Nordpol anstatt ins warme Afrika leiten müssen. Doch die Irreführung mit ihren katastrophalen Folgen blieb aus, weil der biologische Magnetkompaß anders arbeitet als unser technischer Kompaß. Zugvögel orientieren sich nicht an Magnetisch-Nord wie eine Kompaßnadel, sondern an der Neigung der magnetischen Feldlinien. Damit ist folgendes gemeint:

Das Magnetfeld der Erde dringt aus dem Erdinnern nach außen – und zwar nicht nur, wie es oft vereinfacht dargestellt wird, an den beiden Polen, sondern an allen Orten. Dabei durchstößt es die Erdoberfläche unterschiedlich steil (Abb. 32): An den Polen beispielsweise verlaufen die magnetischen Feldlinien senkrecht zur Erdoberfläche, am Äquator parallel, und in Frankfurt sind sie genau um 66 Grad geneigt. Eine dort frei beweglich aufgehängte Kompaßnadel würde (unter 66 Grad) schräg nach unten in den Erdboden weisen.

Und diese Neigung der Feldlinien ist für Zugvögel maßgeblich! Wenn sie in Richtung Äquator wollen, dann fliegen sie so, daß die Feldlinien

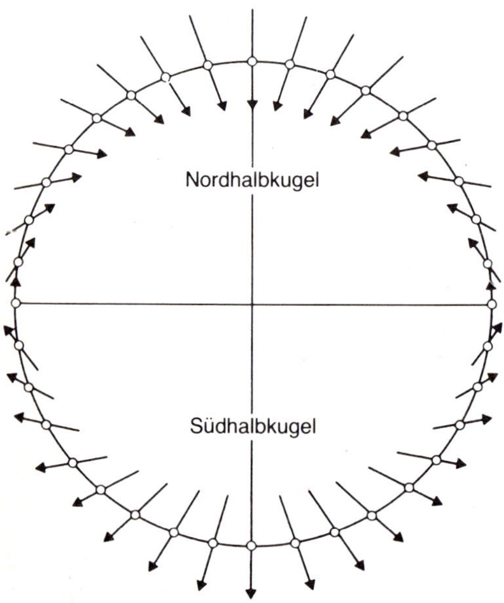

32 Richtung der magnetischen Feldlinien auf der Erde. Am Äquator verlaufen sie parallel, an den Polen senkrecht zum Erdboden.

vor ihnen stets »bergauf« verlaufen. Umgekehrt: Ihr Flug geht polwärts, solange die Feldlinien »bergab« führen. So einfach diese »Merkregel« auch ist – sie macht die Zugvögel gefeit gegen Umpolungen des Magnetfeldes. An der Neigung der Feldlinien ändert sich nämlich nichts, wenn man Magnetisch-Nord und Magnetisch-Süd vertauscht.

Welches Sinnesorgan allerdings einen Zugvogel befähigt, die Lage der magnetischen Feldlinien im Raum wahrzunehmen, ist bis heute völlig rätselhaft – ganz zu schweigen von der Art der Sinnesqualität. Wir mögen vielleicht ahnen, wie ein Rotkehlchen hört oder sieht, aber sich vorzustellen, wie es ein Magnetfeld wahrnimmt, ist für uns buchstäblich sinnlos – wir haben keinen Sinn dafür. Der einzige Zugang zum Magnetsinn der Vögel besteht darin, ihr Verhalten in bestimmten »magnetischen Situationen« zu beobachten. Und da gibt es noch manches zu klären – beispielsweise die Weitstreckenflüge über den Äquator hinweg, wie sie Dorngrasmücken, Fitislaubsänger und viele andere Arten jedes Jahr durchführen.

Das Problem dabei ist, daß sich auf der Südhalbkugel die magnetischen Verhältnisse umkehren und daß am Äquator selbst die magnetischen Feldlinien weder »bergauf« noch »bergab« verlaufen, sondern waagerecht. Eigentlich müßte der Magnetkompaß dort versagen. Vielleicht versagt er wirklich. Man weiß es noch nicht. Fest steht jedenfalls, daß die Zugvögel auch dann nicht hilflos wären: Ihr Sternenkompaß könnte ihnen über den magnetischen Blackout und über den Äquator hinweghelfen.

Welcher Kompaß gilt?

Spätestens hier stellt sich die Frage nach dem Zusammenspiel von Magnet- und Sternenkompaß. Bis vor kurzem galten beide als völlig unabhängige Orientierungssysteme, die sich bei Bedarf gegenseitig kontrollieren, ergänzen, ersetzen können. Doch jüngste Forschungsergebnisse deuten darauf hin, daß der Magnetkompaß eine Art Führungsrolle spielt. Man setzte nämlich beide Kompaßsysteme in Konkurrenz zueinander, indem man Zugvögeln ein »falsches« Magnetfeld und gleichzeitig einen »richtigen« Sternhimmel darbot. Sie entschieden sich im Laufe von zwei Tagen zugunsten des Magnetfeldes. Der Sternenkompaß wurde ignoriert.

Es sieht also so aus – diese Möglichkeit deutet sich an der Front der Vogelzugforschung an –, als wäre das Magnetfeld der Erde die entscheidende und primäre Grundlage für die Orientierungsleistungen der Zugvögel. Doch im Augenblick ist dies kaum mehr als eine viel diskutierte Hypothese. Man sieht, über ein »abgegrastes« Forschungsfeld brauchen sich die Ornithologen nicht zu beklagen.

Besonders deutlich wird dies, wenn man sich erinnert, daß mit der Frage nach dem Kompaß ja erst die eine Hälfte des Zugvogelproblems angesprochen ist. Zur echten Navigation, wie sie etwa die Altstare in Perdecks Verfrachtungsexperiment zeigten, gehört auch die Karte, das heißt irgendeine Kenntnis von der Lage des Zielgebietes relativ zum augenblicklichen Aufenthaltsort. Woher Zugvögel dieses »geographische Wissen« beziehen, welche Art von Landkarte ihnen zur Verfügung steht, das ist bis heute ein Geheimnis. Es gibt nicht einmal ernsthaft diskutierte Hypothesen oder Theorien über diese außergewöhnliche und in der Tat übermenschliche Sinnesleistung.

Sie herauszufinden, ist das erklärte Ziel der Zugvogelforscher. Aber der Weg dorthin liegt im dunkeln. Es fehlt bislang die Orientierung.

Dornröschen und der Saurier
Die Vorzüge der Warmblütigkeit

Noch vor einer Stunde hatte er sich wohlig im Freibad gerekelt. Jetzt saß er – immer noch nackt bis auf die Badehose – schnatternd und frierend auf einem Hocker. Lufttemperatur: acht Grad Celsius – wie in einem Kühlschrank.

In der Tat war es eine Art Kühlschrank, in der sich der junge Mann befand: in der Klimakammer des physiologischen Instituts der Universität Marburg. Er hatte sich freiwillig für diesen harmlosen Kältetest zur Verfügung gestellt, und zahlreiche Meßfühler an seinem Körper zeigten den Wissenschaftlern draußen seine Reaktionen an. Kurz gesagt: Sie untersuchten, auf welche Weise er fror.

Denn Frieren ist ein sehr vielfältiger und in seinen Einzelheiten noch keineswegs völlig verstandener Vorgang. Frieren – das bedeutet ein ganzes Bündel von Maßnahmen, die der Körper einsetzt, um zu verhindern, daß er »kalt gemacht« wird. Eine aktive Leistung!

Das beginnt schon bei der Körperhaltung. Die Arme an den Körper gepreßt, den Oberkörper nach vorn gebeugt, den Kopf eingezogen, so versuchte der Student in der Klimakammer sich »einzuigeln«. Instinktiv tat er alles, um seine Oberfläche zu verkleinern und damit die Wärmeverluste möglichst geringzuhalten.

Dabei hielt es ihn keinen Augenblick ruhig auf seinem Sitz: Wie übernervös wechselte und korrigierte er dauernd seine Haltung. Sein Körper überzog sich mit »Gänsehaut«. Gleichzeitig begannen unzählige Muskelpartien zu zittern. Das bekannte Frösteln. Der Unterkiefer schnatterte hörbar.

Frieren macht warm

Die eben beschriebenen Erscheinungen hatten nur den einen Sinn: Wärme zu erzeugen. Sonst eher störender Nebeneffekt der Muskeltätigkeit, wurde hier die Wärmeproduktion zur Hauptaufgabe. Der Muskelmotor lief auf vollen Touren – im Leerlauf, um zu heizen. Tatsächlich kann so die Wärmeerzeugung bis auf das Zehnfache gesteigert werden, wobei unser Körper selbst archaische Maßnahmen ergreift, die heute ihren ursprünglichen Sinn verloren haben: Die »Gänsehaut«, einst wirksames Mittel unserer behaarten Vorfahren, ihr Fell zu sträuben und damit eine dicke, isolierende Luftschicht zu schaffen, ist heute nur mehr ein überholtes, zweckloses Programm. Immerhin ein Hinweis, in welcher grauen Vorzeit unsere Fähigkeit zu frieren erworben wurde.

Ein anderes Frierprogramm hingegen, das ebenfalls unsere Haut betrifft und ebenso automatisch abläuft, ist von überragender Bedeutung: die Durchblutung der Haut. Unser Blut – oft nur als Transportmittel für Sauerstoff und Nährstoffe angesehen – befördert auch Wärme. Es verteilt sie im Körper und schafft sie von innen an die Oberfläche. Dieser Wärmefluß aber wird beim Frieren gedrosselt: Unabhängig von unserem Willen verengen sich die Blutgefäße an der Körperoberfläche. Die Durchblutung nimmt ab. Die Haut wird blaß und kalt und sorgt so dafür, daß möglichst wenig Wärme nach draußen verlorengeht. Je kälter die Haut, desto geringer der Wärmeverlust!

Eine wesentliche Rolle spielen dabei die Extremitäten, insbesondere unsere Hände mit ihrer verhältnismäßig großen Oberfläche. Flach wie die Rippen eines Heizkörpers, dazu noch in einzelne Finger unterteilt, sind sie besonders wärmedurchlässig – regelrechte Wärme-Lecks. Und entsprechend stark wird bei Kälte die Durchblutung der Arme und Hände gedrosselt – kalte Hände im Winter sind in der Regel keine passive Mangelerscheinung, nicht Ausdruck schlechter Anpassung an die Klimaverhältnisse, sondern genau umgekehrt: Ausdruck einer wirksamen und aktiven Gegensteuerung gegen Unterkühlung.

Sauerstoff oder Wärme

Die Verengung der Blutgefäße darf allerdings nicht so weit gehen, daß die Sauerstoffversorgung des Gewebes gefährdet ist. Hier kollidieren offensichtlich zwei Grundinteressen der »Lebensmaschine«: die Sauerstoffversorgung der Zellen und die Erhaltung der Temperatur – eine unlösbar scheinende Zwickmühle, die dadurch entsteht, daß dem Blutkreislauf mehrere Aufgaben zugleich obliegen. Dennoch hat die Natur einen ebenso genialen wie einfachen Ausweg gefunden. In den Extremitäten wird das zurückkehrende und abgekühlte Blut an den Arterien entlanggeführt und kühlt das dort nachströmende Blut im Gegenstrom-Wärmeaustausch. Mit dieser Vorkühlung gelingt es einmal, die Hauttemperatur und damit den Wärmeverlust noch weiter zu senken, zum anderen aber das notwendige Minimum an Durchblutung zu sichern.

Nicht selten freilich wird das fein austarierte Gleichgewicht körpereigener Interessen durch Konsumgifte wie Nikotin oder Alkohol gestört. Nikotin versteht der Körper bekanntlich als chemisches Signal zur Verengung der Blutgefäße. Bei Gelegenheitsrauchern, wo die Wirkung besonders kraß ausfällt, zeigt sich schon nach einer einzigen Zigarette eine starke Abkühlung der Hände: Nach 15 Minuten sind sie bis zu fünf Grad kälter geworden (Abb. 33, 34)! Was dies im Extremfall bei starkem Rauchen bedeutet, ist hinreichend bekannt: ungenügend durchblutete Hände und Beine (Raucherbeine) oder Verengung der feinen Herzkranzgefäße mit der Gefahr eines Infarkts.

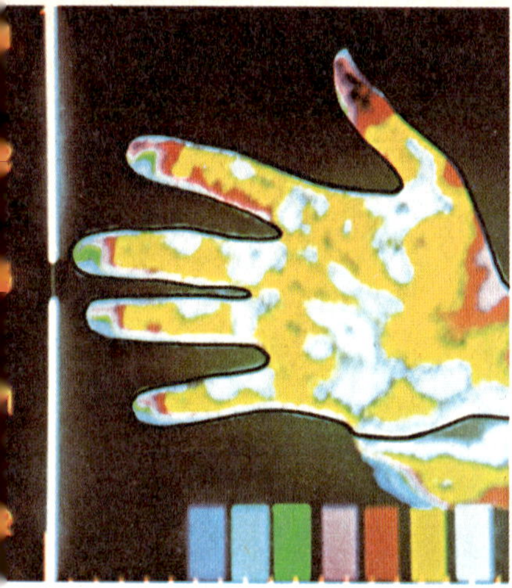

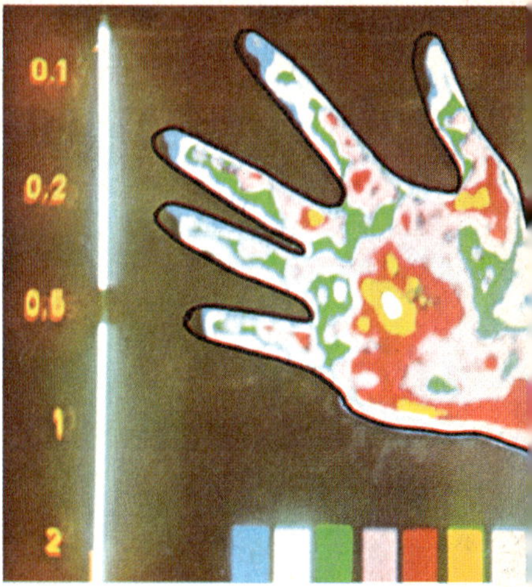

33 Vor Nikotingenuß. Die Farben kennzeichnen verschiedene Temperaturbereiche der Hand. Blau: 32,7 °C. Grün: 33,5 °C. Rot: 34,5 °C. Weiß: 35,5 °C.

34 Nach drei Lungenzügen. Handfläche und Fingerspitzen sind um etwa 1 Grad kühler geworden.

Aber auch der »kräftige Schluck aus der Pulle«, der bei drohender Unterkühlung oft empfohlen wird, ist bedenklich. Alkohol ruft zwar ein wohltuendes Wärmegefühl hervor, denn unter seiner chemischen Wirkung weiten sich die Blutgefäße, und die Haut erwärmt sich spürbar. Aber wenn der Körper bereits unterkühlt ist, kann man vor diesem Hausmittel nur warnen. Mit dem Wärmezustrom zur Haut verströmt der Körper womöglich seine letzten Wärmereserven und gerät erst recht in die Gefahr zu erfrieren.

Kühlprogramme aus tropischer Vergangenheit

Trotz Heizarbeit unserer Muskeln, trotz Regulierung unserer Hauttemperatur – es bleibt eine Binsenweisheit, daß ein Pelzmantel besser wärmt als noch so starkes Zittern und Frösteln. Von Natur aus – ohne zivilisatorischen Zusatz – ist der Mensch nur sehr dürftig gegen Auskühlung geschützt. Nackt, bei minus 1 Grad Celsius, könnten wir unsere Körpertemperatur nicht länger als eine Stunde auf 37 Grad halten. Dann sinkt sie rapide unter diesen Sollwert. Bei 25 Grad Bluttemperatur erlöschen die Muskelreflexe, und die Atmung setzt aus.

Der Grund, warum unser Körper so schlecht mit Kälte fertig wird, liegt in der Tatsache, daß der Mensch von Natur aus ein tropisches Lebewesen ist. Wir sind – auch heute noch – angepaßt an tropisch-warme Klimazonen. Bei etwa 30 Grad im Schatten liegt unsere »paradiesische« Umgebungstemperatur, wo wir – nackt und in Ruhe – ein Minimum an Nahrung brauchen und wo unser Körper keine speziellen Heiz- oder Kühlmechanismen einschalten muß. Die körpereigene Klimaanlage steht gewissermaßen auf Null.

Aber schon bei körperlicher Arbeit oder beim Aufenthalt in der Sonne sind 30 Grad zuviel. Die Klimaanlage muß kühlen! Und sie kann dies in äußerst wirkungsvoller Weise: Daueraufenthalt in trockener Luft überstehen wir bis zu 60 Grad Celsius. Kurzfristig sogar wesentlich mehr! Es gibt Selbstversuche, wo 120 Grad Celsius 15 Minuten lang ohne Schaden ausgehalten wurden. Der Mensch ist – dank seiner tropischen Herkunft – ein sehr hitzeresistentes Wesen!

Entscheidend dafür ist wiederum eine Kombination mehrerer vegetativer, unserem Willen entzogener Körperreaktionen. Jeder kennt das aus der Sauna: Schlaff, die Arme und Beine vom Körper abgewinkelt, vergrößert man die wirksame Oberfläche – wirksam für die Kühlung durch Schwitzen. Bis zu vier Liter Schweiß können wir in einer Stunde absondern, und diese »Wasserkühlung« leistet hervorragende Arbeit. Jeder Liter Schweiß, der auf der Haut verdunstet, »vernichtet« eine Wärmeenergie von 2400 Kilojoule (580 Kilokalorien) – das ist die Wärme von über 100 Tassen heißen Kaffees. Diese Verdunstungswärme wird der Haut entzogen, und damit der Kühleffekt auch unter die Haut geht, weiten sich zusätzlich deren Blutgefäße. Kräftige Durchblutung und saunarote Färbung sind die Folge.

In der Sauna allerdings, wenn Bäche von Schweiß am Körper herunterrinnen, arbeitet die Kühlung keineswegs optimal. Denn das abfließende Wasser ist als Kühlmittel schlicht vergeudet. Beste Kühlwirkung wird erreicht, wenn der Schweiß sofort nach dem Austreten aus den Poren verdunstet, wenn also die Haut fast trocken erscheint. Ohne sichtbaren Schweiß schwitzt es sich am wirkungsvollsten!

Hierin liegt einer der entscheidenden Gründe, warum wir uns bei längerem Aufenthalt in heißen Klimazonen akklimatisieren können: Unser Körper lernt nach einiger Zeit diese gleichmäßige und ökonomische Art des Schwitzens.

Der Thermostat im Gehirn

Das Zentrum für alle diese Maßnahmen zur Temperaturregelung unseres Körpers, sozusagen der »Thermostat« der Klimaanlage, ist ein bestimmtes Hirngebiet, der sogenannte Hypothalamus. Dort laufen die Meldungen der Kälte- und Wärmesensoren von der Haut ein und lösen gewissermaßen im Vorgriff auf eine zu erwartende Temperaturänderung des Körpers bereits erste Gegenmaßnahmen aus. Vor allem aber die Bluttemperatur selbst wird dort gemessen. Sobald sie vom 37-Grad-Sollwert abweicht, werden die Heiz- oder Kühlprogramme in Gang gesetzt.

Eindrucksvoll ist ein Tierversuch: Kühlt man das Temperaturzentrum im Gehirn eines Hundes – bei sonst normaler Zimmertemperatur –, so beginnt das Tier am ganzen Körper zu frieren und zu zittern. Und umgekehrt: Erwärmung der betreffenden Hirnregionen setzt sofort die Kühlprogramme in Kraft. Der Hund hechelt und schwitzt – ohne daß sich die Außentemperatur um einen einzigen Grad geändert hätte.

Trotz der erfolgten Lokalisierung der Thermostaten im Gehirn ist aber kaum etwas darüber bekannt, wie er arbeitet, wie er die Temperatur des Blutes und des Hirngewebes mißt, woher er überhaupt »weiß«, daß 37 Grad der einzuhaltende Sollwert ist. Ganz zu schweigen von der gezielten Umstellung dieses Wertes, wie sie unser Körper bei fiebrigen Erkrankungen vornimmt. Wir kommen auf diesen Punkt noch ausführlicher zurück. Zunächst zur Frage nach dem Sinn des ganzen Aufwands. Wozu eigentlich Warmblütigkeit? Wozu das komplexe Regelsystem zur Konstanthaltung der Körpertemperatur? Hätte die Natur nicht beim Kaltblüter stehenbleiben können? Reptilien oder Insekten demonstrieren ja überzeugend, daß auch diese Lebensform existieren kann!

Kalt und träge – warm und flink

Die beiden Smaragdeidechsen waren äußerlich nicht zu unterscheiden. Ruhig lagen sie in ihrem Terrarium und ließen sich von den Studioscheinwerfern erwärmen. Erst bei dem Versuch, sie zu greifen, wurde deutlich, daß sie völlig unterschiedlich reagierten – so als lebten sie in verschiedenen Welten.

Die eine brachte nur ein paar müde Bewegungen zustande und blieb dann apathisch und träge auf der Handfläche liegen. Die andere jedoch flitzte, kaum daß man die Hand nach ihr ausstreckte, in die hinterste Ecke und versuchte zu entkommen. Sie war flink und behende, wie man sich Eidechsen gewöhnlich vorstellt, und bevor man die Finger schließen konnte, war sie entwischt: Zum Ergötzen der Kameraleute hatte sie sich über den Arm des Moderators auf dessen Schulter geflüchtet und fühlte sich dort erstmal sicher.

Der einzige Unterschied der beiden Eidechsen lag in ihrer Körpertemperatur. Wir hatten das eine Exemplar vorgekühlt auf etwa 14 Grad – also die Temperatur einer frischen Sommernacht, während die andere Eidechse schon geraume Zeit unter dem wärmenden Scheinwerferlicht zugebracht und eine Körpertemperatur von 32 Grad angenommen hatte.

Wie alle Kaltblüter haben Eidechsen keine Standardtemperatur, sondern nehmen passiv – nicht anders als ein Kieselstein oder ein Stück Holz – die Temperatur ihrer Umgebung an. Dabei können ihre Körpertemperaturen durchaus die Werte eines Warmblüters erreichen oder an einem heißen Sommertag sogar übertreffen. Nicht daß er kaltes Blut hat, kennzeichnet einen Kaltblüter, sondern daß seine Bluttemperatur wechselt. Es handelt sich – korrekt ausgedrückt – um einen wechselwarmen Organismus.

Wechselnde Körperwärme aber ist keine isoliert zu sehende Einzeleigenschaft. Sie wirkt sich grundlegend auf alle Lebensvorgänge des Organismus aus. So erhöht ein Anstieg der Temperatur den gesamten Stoffwechsel, die chemischen Reaktionen des Körpers – einschließlich der Nervenreizleitung – laufen schneller ab: Das Tier wird beweglicher, lebendiger, reaktionsschneller. Umgekehrt, das hat die gekühlte Eidechse vorgeführt, mindern tiefe Temperaturen sehr einschneidend die Agilität und Lebendigkeit.

Ganz fremd bleibt selbst uns Warmblütern diese Erfahrung nicht. Beispielsweise dann, wenn wir vergeblich versuchen, mit kalten, klammen Fingern die Schuhe zu binden. In diesem vergeblichen Bemühen zeigt sich ein Anklang an das Schicksal eines wechselwarmen Organismus. Aber Kaltblüter trifft es am ganzen Leib! Sie sind den gerade herrschenden Witterungsbedingungen vollständig ausgeliefert und damit – jedenfalls bei Kälte – allen Warmblütern hilflos unterlegen.

Der Dornröschen-Effekt

Dies muß gegen Ende der Saurierzeit, als die ersten Warmblüter auftauchten und trotz nächtlicher Kühle aktiv sein konnten, zu grotesken Formen der Begegnung geführt haben. Wir simulierten die Situation in einem gekühlten Terrarium, wo allerlei grimmige Reptilien und kleine weiße Mäuse aufeinandertrafen. Quicklebendig rannten die kleinen Nager zwischen den Echsen und Schildkröten herum, beschnupperten, bekletterten, bekleckerten sie. Die standen da wie Möbel. Ab und zu blinzelte eins. Das Chamäleon rollte die Augen. Als eine Maus über seinen Rücken spazierte, verlor es das Gleichgewicht und fiel vom Ast.

Drastischer hätten die Vorzüge konstanter Körpertemperatur kaum demonstriert werden können. In ihren Bewegungen erstarrt, schien den Kaltblütern ein ähnliches Schicksal beschieden zu sein, wie es im Märchen von Dornröschen geschildert wird. Dort mußte bekanntlich die Prinzessin und mit ihr der ganze Königshof unbeweglich im Schlaf erstarrt verharren. Und die Rolle des Märchenprinzen, der sich als einziger in der seltsam eingefrorenen Welt zurechtfand, könnte auch die Überlegenheit der ersten Warmblüter in der Welt der Saurier umschreiben.

Trotzdem wäre es verfehlt, sich den »Kampf ums Dasein« zwischen

Warmblütern und Sauriern als direkte Auseinandersetzung mit Klauen und Zähnen vorzustellen. Die Artkonkurrenz dürfte sich in erster Linie als Futterkonkurrenz abgespielt haben. Mit der Warmblütigkeit – darin lag ihr großer Vorzug – stand erstmals auch die kühle Nacht als Aktionsraum für die Nahrungssuche zur Verfügung.

Wie Bienen schwitzen

Allerdings ist Warmblütigkeit nicht die einzige Möglichkeit, die Körpertemperatur auf konstanter Höhe zu halten. Der Natur gelangen noch andere »Erfindungen« mit dem gleichen Resultat. Bienen beispielsweise, obwohl wechselwarme Tiere, halten die Temperatur im Stock konstant auf 35 bis 36 Grad. Das Interessante dabei ist, daß sie als Kollektiv auf dieselben Prinzipien der Wärmeregulierung zurückgreifen, wie sie dem einzelnen Warmblüter zur Verfügung stehen. Die Parallelen gehen bis in die Details.

So wird die Wärme im Stock – 35 bis 36 Grad sind für die heranwachsenden Larven unerläßlich – durch Muskelzittern erzeugt. Eine Arbeitsbiene kann sich dadurch bis zu 10 Grad über die Umgebungstemperatur erwärmen. Und auch den Winter über wird auf diese Weise geheizt, wobei das Volk als ersten Schritt seine Oberfläche verringert: Die Insekten hängen in einer einzigen kompakten Traube zwischen den Waben

35 Brontosaurus war der größte jemals lebende Landbewohner. Lebensgroße Nachbildung im Tierpark Hagenbeck.

und zittern sich mit ihrer Brustmuskulatur warm – auf 32 Grad. Auch hierbei gibt es eine Art Wärmefluß vom Innern an die Oberfläche: Immer wieder andere Bienen krabbeln nach außen an die Peripherie der Traube, lassen sich dort abkühlen und kehren vor Eintritt der Kältestarre wieder in den warmen Kern der Traube zurück. Durch diesen Bienenkreislauf wird der Wärmeverlust auf ein Minimum gesenkt.

Im Hochsommer dagegen, wenn die Sonne den Stock ungewöhnlich aufheizt, gilt es zu kühlen; denn mehr als 45 Grad verträgt eine Biene nicht. Eine erste Maßnahme besteht darin, vor dem Flugloch zu schwirren und wie ein Ventilator kühlende Luft in den Stock zu treiben. Wenn dies nicht mehr ausreicht, beginnt der Bienenstock tatsächlich zu »schwitzen«. Zwar haben Bienen keine Schweißporen, aber eine Reihe von Arbeitsbienen übernimmt exakt diese Rolle: Sie saugen im Freien Wasser auf, tragen es in den Stock und zerstäuben es dort mit ihrem Rüssel. Zusätzlich erzeugte Zugluft kann den Kühleffekt weiter steigern. Der Bienenstaat als Ganzes regelt seine Temperatur in analoger Weise wie ein warmblütiger Organismus!

Warm durch Masse

Auch ohne aktive Regelung gibt es eine Möglichkeit, den Körper gleichbleibend warm zu halten. Sie ist so simpel, daß man zunächst gar nicht daran denkt, aber einige Saurierarten machten sich diesen Trick zunutze: Sie entzogen sich dem Temperaturgefälle von Tag und Nacht allein durch ihre ungeheure Größe!

Tyrannosaurus beispielsweise wurde 14 Meter lang und sechs Meter hoch – das größte Raubtier aller Zeiten. Noch gewaltiger war Brontosaurus (Abb. 35), der als harmloser Pflanzenfresser eine Länge von 20 bis 30 Metern erreichte und bis zu 50 Tonnen wog (das Gewicht eines schweren Sattelschleppers!). Für solche Riesensaurier gab es des Nachts keine Auskühlungsprobleme – und zwar gleich aus einem doppelten Grund.

Einmal produziert auch ein Kaltblüter zwangsläufig bei seinen Stoffwechselvorgängen etwas Wärme. Bei kleinen Tieren verliert sie sich rasch an die Umgebung. Je größer aber ein Körper, um so mehr staut sich die Wärme im Innern, weil die abstrahlende Oberfläche nicht mit dem Volumen Schritt hält. So ist durchaus denkbar, daß die Temperatur eines 50-Tonnen-Sauriers über der durchschnittlichen Außentemperatur lag.

Auf jeden Fall – das ist der andere Grund – hielt ein solcher Riesenkörper seine Temperatur wie ein Speicherofen praktisch konstant, ohne dem kurzfristigen Tag-Nacht-Wechsel zu folgen. Im Studio zeigte sich dieser Effekt bereits an zwei Sauriermodellen unterschiedlicher Größe, die beide auf 35 Grad erwärmt waren. Trotz eines Ventilators, der den kühlen

Nachtwind simulierte, hielt das große Exemplar minutenlang seine Anfangstemperatur, während das kleine auf Grund seiner geringen Masse und damit geringeren Wärmekapazität zusehends auskühlte.

Vielleicht ist hierin der Grund und Antrieb für den so auffälligen Riesenwuchs der Dinosaurier zu suchen. Allerdings war ihre Quasi-Warmblütigkeit an eine weitere Voraussetzung gebunden: Sie konnte nur bei hoher Durchschnittstemperatur funktionieren. Sobald diese sank – sei es, daß die Nächte insgesamt kühler oder die Tage weniger heiß wurden –, fiel im selben Maße auch die Temperatur der Riesenkörper ab. Und schon bei 20 Grad waren sie nicht mehr »betriebsfähig«.

Als gegen Ende des Saurierzeitalters eine allgemeine Abkühlung einsetzte, war der Vorteil der großen Masse dahin. Jetzt schlug die Stunde von Außenseitern. Einige kleinere Saurier, die – gerade ihrer Kleinheit wegen – unter dem Tag-Nacht-Wechsel besonders litten, hatten es gelernt, ihre Temperatur zumindest in Ansätzen selbst zu regeln. Not macht erfinderisch! Vor allem auch unter den fliegenden Saurierarten, die auf einen hochtourigen Stoffwechsel angewiesen waren.

Doch jetzt erst, als sich das Klima verschlechterte, kam diese Spezialbegabung wirklich zum Tragen: Die Warmblüter begannen, die Erde zu erobern, und die Millionen Jahre währende Herrschaft der Saurier ging zu Ende. Woher aber wissen wir um diese Vorgänge? Wie läßt sich nach 150 Millionen Jahren die »Kaltblütigkeit« der Saurier belegen?

Indizien am Saurierschädel

Alles, was von den Sauriern heute noch übrig ist, sind Knochen und Eier. Dabei stellte sich heraus, daß die Eier im Vergleich zu den Proportionen der Mütter überraschend klein waren – nicht größer als 30 bis 40 Zentimeter im Durchmesser.

Aber auch die Bruchstücke von Eierschalen halten für den Paläontologen interessante Informationen bereit. Er kann heute noch ablesen, ob sich in dem betreffenden Ei ein Saurierembryo entwickelt hat oder ob das Ei »taub« war. Die Innenseite von Eiern ist nämlich zunächst mit winzigen Kalkspitzen übersät, die dann vom heranwachsenden Embryo für seine Knochenbildung abgebaut werden. Sind diese »Kalkmamillen« bei einem Schalenrest noch vorhanden, so hat sich darin mit Sicherheit nie ein kleiner Saurier entwickelt.

Dennoch: Zu der Frage, ob Saurier Kaltblüter waren, können die Eierfunde nichts beisteuern. Wie steht es mit den Knochenfunden? Rekonstruktionen des Skeletts geben Auskunft über Größe, Gangart und Aussehen der Tiere. Das Gebiß verrät die Ernährungweise. Aber am Schädel finden sich tatsächlich auch Hinweise auf den Wärmehaushalt des Tieres – keine absolut zwingenden Beweise, aber doch starke Indizien, die für

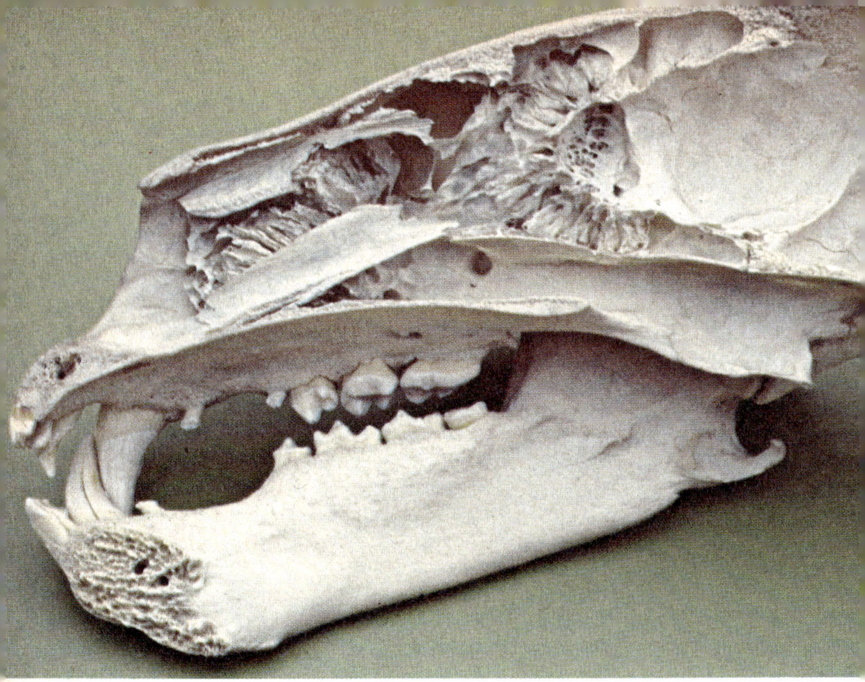

36 Längsschnitt durch einen Bärenschädel. Kau- und Nasenraum sind durch ein knöchernes Gaumendach getrennt.

die Wechselwärme der meisten Saurier sprechen. Drei dieser Indizien seien herausgegriffen.

Erstens: Die Konstruktion des Gaumendachs. Kaltblüter lassen sich Zeit beim Fressen. Eine Schlange beispielsweise schlingt und würgt über Minuten, bis sie schließlich die Beute verschluckt hat. Während dieser Zeit ist sie außerstande zu atmen, ihre Sauerstoffzufuhr ist gesperrt, und sie kann sich dies auch leisten: Der Stoffwechsel eines Kaltblüters ist so reduzierbar, daß seine Sauerstoffversorgung für längere Zeit aussetzen darf. Ein Warmblüter in derselben Situation wäre längst erstickt.

Aus diesem Grund ist bei allen Warmblütern gleichsam eine Sicherung eingebaut, die garantieren soll, daß man auch beim Kauen genügend Luft bekommt: Ein festes, knöchernes Gaumendach, das Kau- und Nasenraum strikt voneinander trennt (Abb. 36). Bei Kaltblütern fehlt diese Trennwand, und ebenso – von wenigen Ausnahmen abgesehen – fehlt sie bei Saurierschädeln.

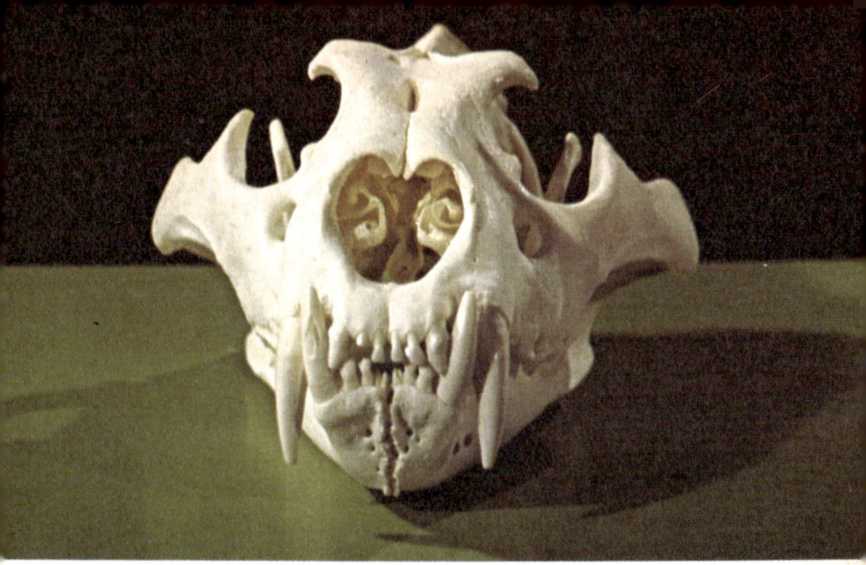

37 Löwenschädel von vorn. Die Nasenöffnung ist mit feinen Knochenbälkchen zur Erwärmung der Atemluft durchzogen.

38 Schädel von Simosaurus aus dem Staatlichen Museum für Naturkunde in Stuttgart. Typische Warmblütermerkmale fehlen.

Der zweite Hinweis ergibt sich aus der Frage nach der Behaarung. Trugen die Saurier ein Fell? Gerade für Kaltblüter scheint ein wärmendes Haarkleid ja besonders nötig und sinnvoll. Doch eben dies ist ein Trugschluß! Federn oder Felle sind typische Warmblüterattribute – nur Warmblüter, ob Löwe, Spatz oder Maus, tragen diesen Kälteschutz, und selbst bei uns Menschen ist das Haarkleid zwar extrem licht und unwirksam geworden, in Ansätzen aber dennoch vorhanden.

Kaltblüter dagegen sind »nackt«. Es gibt kein Krokodil mit Fell, und wie unsinnig dies auch wäre, davon konnten wir uns selbst im Tierpark Hagenbeck in Hamburg überzeugen.

Auf einem Tisch im Freien lag zwar kein Krokodil, aber immerhin eine 50 Zentimeter lange Echse aus Südamerika: ein Teju. Nicht ganz ungefährlich, wie der Tierpfleger versicherte, aber wir bauten auf die wechselwarme Eigenschaft des Reptils, das – 28 Grad gewohnt – bei der Außentemperatur von 20 Grad schon recht kälteträg sein mußte. Und so war es auch: Ohne sich zu sträuben, ließ sich der Teju einen Pelz überziehen. Er schien sich darin sogar wohl zu fühlen. Aber mit Sicherheit nicht der Wärme wegen!

Als wir der Echse eine Thermosonde unters Fell schoben, um die Hauttemperatur zu messen, da zeigten sich nach wie vor 20 Grad – exakt der Wert der Außentemperatur. Kein noch so dickes Fell kann einen Kaltblüter erwärmen. Wie sollte es auch? Beide, der wechselwarme Organismus wie das Fell, haben gleichermaßen die Umgebungstemperatur. Anders natürlich bei Lebewesen, die aktiv Wärme produzieren: Ein Pelzmantel reduziert durch seine isolierende Wirkung die Wärmeabgabe unseres Körpers um das drei- bis vierfache. Ein Pelz ist immer der Ausdruck von Warmblütigkeit – auch ein gekaufter Pelz!

Wie aber will man einem Saurierschädel ansehen, ob sein Besitzer vor 150 Millionen Jahren ein Fell trug oder nicht? Die Haarwurzeln stecken bekanntlich in der Haut und nicht in den Knochen. Doch es gibt andere Spuren, die sich darauf gründen, daß Tiere mit Haarkleid in der Regel auch Spürhaare am Kopf besitzen – also hochempfindliche Tastorgane, die zu ihrer Funktion Nervenableitungen und Blutversorgung brauchen. Diese aber hinterlassen bleibende Spuren: Die Durchstoßpunkte der Nerven und Blutgefäße durch den Schädelknochen sind als kleine, deutlich sichtbare Öffnungen zu erkennen. Ein Löwenschädel beispielsweise ist dort, wo die Spürhaare ihren Sitz hatten, auffallend »punktiert«. Bei Saurierschädeln jedoch sucht man dergleichen vergeblich. Offensichtlich besaßen sie keine Spürhaare und damit kein Fell und damit auch keine konstante Körpertemperatur.

Der dritte Hinweis, der Rückschlüsse auf den Wärmehaushalt erlaubt, liegt im Nasenraum eines Schädels. Dort ist eine Fülle von Knochenbälkchen untergebracht, die zu Lebzeiten von gut durchbluteter Schleimhaut überzogen sind (Abb. 37). Sie arbeiten wie Kühlrippen – wobei es freilich nicht darauf ankommt, das Blut zu kühlen, sondern die Atemluft vorzuwärmen, bevor sie ins Körperinnere gelangt. Nicht von ungefähr wurden wir alle als Kinder ermahnt, bei Kälte durch die Nase zu atmen. Der dabei auftretende Vorwärm-Effekt ist tatsächlich eine Schutzmaßnahme unseres Körpers.

Für Kaltblüter indessen wäre eine derartige Einrichtung völlig nutzlos: Körper und Atemluft sind bei ihnen ohnehin gleich warm. So fehlen auch bei allen wechselwarmen Tieren diese »Kühlrippen«, und – worauf es hier ankommt – sie fehlen auch bei Saurierschädeln (Abb. 38).

Das Fehlen dieser typischen Warmblüterkonstruktion, zusammen mit den vorab aufgezählten Indizien, spricht dafür, daß die Saurier ohne jene entscheidende Erfindung auskommen mußten, die alle Säugetiere und vor allem auch unser eigenes Geschlecht auszeichnet. Doch strenggenommen ist Warmblütigkeit auch bei uns nicht perfekt, sondern nur mit Einschränkungen verwirklicht.

Sinnvolles Fieber

Homoiotherm, also temperaturkonstant, sind nur bestimmte Bereiche unseres Körpers. Wir haben schon erwähnt, daß die Haut, je nach Durchblutungsgrad, eine andere Temperatur annimmt, aber auch das Innere unserer Arme und Beine ist bis zu einem gewissen Grad »wechselwarm«. Bei hoher Außentemperatur nehmen unsere Extremitäten wie der übrige Körper 37 Grad an. Bei Kälte jedoch fällt ihre Temperatur zum Teil auf 28 Grad und darunter – je nachdem, wie weit die betreffenden Körperpartien vom Rumpf entfernt sind. Im Gegensatz zu dieser sogenannten Körperschale bleibt unser Körperkern – das ist das Innere des Kopfes und des Rumpfes mit allen lebenswichtigen Organen – auch bei Kälte auf seiner Solltemperatur von rund 37 Grad.

»Rund« 37 Grad, weil der genaue Wert im Laufe eines Tages etwas um diesen roten Strich am Fieberthermometer pendelt. Morgens um fünf Uhr liegt unsere Kerntemperatur bei etwa 36,2 Grad am tiefsten, und gegen 17 Uhr hat sie den Höchststand von 37,3 Grad. Das sind normale tagesrhythmische Schwankungen, die mit Fieber nichts zu tun haben.

Aber auch Fieber bedeutet nicht etwa, daß die Temperaturregelung außer Kontrolle geraten ist, daß sich die Lebensmaschine also »heiß läuft«, sondern im Gegenteil: Fieber bedeutet ein aktives Heraufsetzen der Körpertemperatur zur Stärkung der körpereigenen Abwehr. Mit anderen Worten, der Thermostat im Gehirn wird gezielt nach oben verstellt. So kommt der scheinbare Widersinn zustande, daß man bei Fieber friert und fröstelt. Denn solange der Körper die höhere Solltemperatur noch nicht erreicht hat, ist er tatsächlich unterkühlt, und seine Heizprogramme laufen an. Schüttelfrost bei Fieber ist nichts anderes als Kältezittern der Muskeln.

Noch weiß man wenig darüber, in welcher Weise diese Temperaturerhöhung auf unser Abwehrsystem einwirkt, aber es zeigt sich mit zunehmender Deutlichkeit, daß es besonders bei Viruserkrankungen falsch ist, Fieber immer und in jedem Fall durch Medikamente zu senken. Fieber fördert die Infektionsabwehr.

Das Beispiel des Fiebers macht einen weiteren Aspekt der Warmblütigkeit deutlich, den man nicht hoch genug einschätzen kann. Eine Änderung unseres inneren Milieus ändert zwangsläufig unser Verhältnis zur realen Außenwelt. Man muß nicht gleich an Fieberträume und Fieberphantastereien denken, aber wenn die Stoffwechselvorgänge in unserem Körper mit anderem Tempo ablaufen, so kommt dies einer Veränderung des Bezugssystems gleich. Die Meßplattform gewissermaßen, von der aus wir die Vorgänge der realen Welt registrieren und einschätzen, ist verschoben. Versuche mit Fieberpatienten deuten darauf hin, daß sie die zeitlichen Abläufe in ihrer Umgebung langsamer einschätzen als Personen mit Normaltemperatur. Und umgekehrt scheinen wir im Zustand der Unterkühlung die Welt gleichsam beschleunigt zu erleben, weil die Gesamtheit der chemischen Stoffwechselprozesse, unsere innere Welt also, verlangsamt abläuft.

Warmblütigkeit und Welterleben

In viel stärkerem Maße muß dieses Zeitempfinden auf wechselwarme Organismen – eine Eidechse etwa – zutreffen, obwohl wir über ihre Erlebniswelt natürlich nichts wissen können. Vielleicht spielt sich für eine kalte Eidechse tatsächlich alles in Zeitraffer ab – so schnell, daß potentielle Beute nicht mehr zu erjagen oder dem Schnabel des Storches nicht mehr auszuweichen ist. Fest steht jedenfalls, daß die 30-Grad-Welt und die 12-Grad-Welt einer Eidechse wenig miteinander gemein haben.

Warmblütigkeit ist mithin weit mehr als ein einzelner Trick der Natur, die Agilität ihrer Geschöpfe auch bei Kälte zu erhalten. Der Schritt zur Warmblütigkeit setzt eine Tendenz fort, die von Anfang an die Entwicklung der Organismen bestimmte – die Tendenz, sich der Umwelt gegenüber mehr und mehr zu verselbständigen und die passive Abhängigkeit von ihr abzubauen.

Dies begann damit, daß sich die ersten lebensfähigen Formen – kaum mehr als Schleimklümpchen aus Eiweiß – mit einer Membran umgaben, um die innere Ordnung gegenüber dem Chaos der Umgebung aufrechtzuerhalten. Ein nächster Schritt bestand in der Entwicklung von Fortbewegungsorganen, von Geißeln. Damit konnte man aktiv den Ort wechseln und war nicht mehr darauf beschränkt, hin und her getrieben zu werden, wie es sich gerade ergab. Organe zur gezielten Nahrungssuche setzten diese Tendenz fort, ebenso die Fähigkeit, sich zu größeren, mehrzelligen Einheiten zusammenzuschließen. Und die Warmblütigkeit war eben auch ein Schritt auf diesem Wege.

Sie machte unabhängig von den zufällig wechselnden Temperaturverhältnissen der Umgebung und garantierte statt dessen ein konstantes inneres Wärmemilieu mit definiertem Tempo der Stoffwechselvorgänge und festliegenden Geschwindigkeiten der Nervenreizleitung.

Erst diese körperliche Unabhängigkeit gegenüber der Umgebung eröffnete dann den Weg für die Entstehung jener geistigen Unabhängigkeit, die uns auszeichnet, und die es erlaubt, die Welt in dem uns eigenen Maß objektiv zu erkennen und aktiv gestaltend in sie einzugreifen.

Erdbeben – warum, wann und wo?
Ursachenforschung und Probleme der Vorhersage

Wirbelstürme reißen Siedlungen und Wälder ein, Lawinen begraben Ortschaften unter sich, Wasserfluten vertreiben Tausende aus ihren Wohnungen. Naturkatastrophen sind allemal Zeugnis menschlicher Hilflosigkeit und Verletzlichkeit.

Doch nichts scheint so unabwendbar, so schicksalhaft über die Menschen hereinzubrechen wie schwere Erdbeben. Denn hier sind es nicht atmosphärische Kräfte, die *auf* der Erde ihr Unheil anrichten, sondern die Erde selbst gerät aus den Fugen. Das Unverrückbare schlechthin, die feste Welt, auf der wir leben, beginnt zu schwanken. Es bleibt wahrhaftig nichts, woran man sich halten könnte.

Erdteile auf Wanderschaft

Erdbeben weisen auf etwas hin, das wir uns kaum vorstellen können: Wir leben auf einer hauchdünnen Haut, auf einer erstarrten Gesteinskruste, die vergleichsweise dünner als die Schale eines Apfels ist. Mehr trennt uns nicht von der Weißglut des Erdinnern!

Und bei all ihrer scheinbaren Festigkeit wäre diese Gesteinshaut niemals in der Lage, die Erde zusammenzuhalten. Was unserem Globus seine stabile Kugelgestalt verleiht, ist allein die Anziehungskraft seiner Massen, die Gravitation.

Ohnehin umspannt die Erdkruste nicht gleichmäßig und durchgehend den Globus: Sie hat zahlreiche Risse und Sprünge! Sie ist zersplittert in sechs große und eine Reihe kleinerer Bruchstücke – in »Platten«, wie die Geophysiker sagen. Das eigentlich Bedeutsame an diesen Platten, die nicht etwa mit den Kontinenten identisch sind, sondern sich auch unterseeisch fortsetzen, liegt darin, daß sie wandern. Man sagt, sie »driften«. Seit Hunderten von Jahrmillionen sind die Erdkrustenplatten in ständiger Bewegung, unterwegs auf verschiedenen Kursen rund um den Globus.

Das bekannteste und geradezu klassische Beispiel bieten Afrika und Südamerika. Schon vor 50 Jahren war dem Meteorologen und Grönlandforscher Alfred Wegener aufgefallen, daß die beiden Kontinente wie Puzzlesteine zusammenpassen. Er machte dies zum Ausgangspunkt einer Theorie, wonach Afrika und Südamerika einst mit allen anderen Landmassen zu einem Superkontinent vereint waren. Als dieser Kontinent zerbrach, sollen – laut Wegener – die einzelnen Bruchstücke in verschiedenen Richtungen auseinandergetrieben worden sein.

Wegener, der sehr selbstkritisch und alles andere als ein Phantast war, fand zahlreiche Indizien für seine »Kontinentalverschiebungstheorie«. Er entdeckte beispielsweise die gleichen seltenen Fossilien in Afrika und Südamerika oder stellte fest, daß sich die Gebirgszüge eines Kontinents im anderen fortsetzen, als gäbe es keinen Ozean dazwischen. Aus Bodenablagerungen rekonstruierte er das Klima und daraus die Breitengrade, auf denen die Kontinente einst »zu Hause« waren.

Trotz einer Fülle von Belegen fand Wegener jedoch wenig Gegenliebe bei seinen Kollegen. Die Vorstellung wandernder Landmassen war ihnen zu ungeheuerlich. Zudem galt der Meteorologe Wegener als nicht »vom Fach«, und vor allem warf man ihm vor, daß er keine glaubhafte Ursache für die Bewegung der Kontinente angeben konnte.

In den letzten zehn bis fünfzehn Jahren aber hat sich immer mehr bestätigt, was einst als indiskutabel galt. Die Vorstellung driftender Platten ist geradezu zum neuen Credo der Geophysiker geworden – gestützt durch zahlreiche Messungen und Beobachtungen. Sogar den Antrieb für die Plattendrift glaubt man gefunden zu haben: sogenannte Konvektionsströme. Das sind Strömungen, die allein auf Grund von Temperaturunterschieden zustande kommen.

In einem Wassergefäß beispielsweise, das von einer Kerzenflamme erhitzt wird, bilden sich besonders übersichtliche Konvektionsströme aus: Über der Flamme steigt das erhitzte und damit leichtere Wasser auf, verzweigt sich und strömt abgekühlt wieder nach unten. Ein Tropfen Tinte macht diese Zirkulationsbewegung sofort sichtbar.

Ganz entsprechend nimmt man an, daß mancherorts an den Plattengrenzen zähflüssige Magmaströme aus dem Erdinnern hochquellen, sich seitlich ausbreiten und dabei die Platten auseinanderzerren (Abb. 39).

Tatsächlich hat man derartige Quellzonen aufgespürt. Mitten im Atlantischen Ozean beispielsweise, wo die afrikanische und die amerikanische Platte aneinandergrenzen, verläuft der Mittelatlantische Rücken, ein unterseeischer Gebirgszug, der als sogenanntes »Rift« ausgebildet ist. Das bedeutet, daß er der Länge nach von einem gewaltigen System aus Spalten und Klüften durchzogen ist, aus denen nachweislich Magma hochquillt und die beiden Platten auseinandertreibt.

Der Mittelatlantische Rücken durchzieht den gesamten Atlantik, und stellenweise verrät er seine geologische Aktivität und Verbindung zum Erdinnern auch über der Wasseroberfläche. Island beispielsweise mit seinen heißen Quellen und Vulkanen ist nichts anderes als ein überseeischer Gipfel dieses Gebirgszuges. Ebenso die Vulkaninsel Surtsey, die sich 1963 plötzlich aus dem Wasser hob. Rund drei Zentimeter jedes Jahr treiben die Konvektionsströme aus glutflüssigem Gestein Afrika und Südamerika und ebenso Europa und Nordamerika auseinander. Jedes Jahr vergrößert sich der Atlantik um die winzige Distanz von drei Zentimetern. In zehn Millionen Jahren aber – erdgeschichtlich eine unbedeutende Spanne – sind dies schon 300 Kilometer!

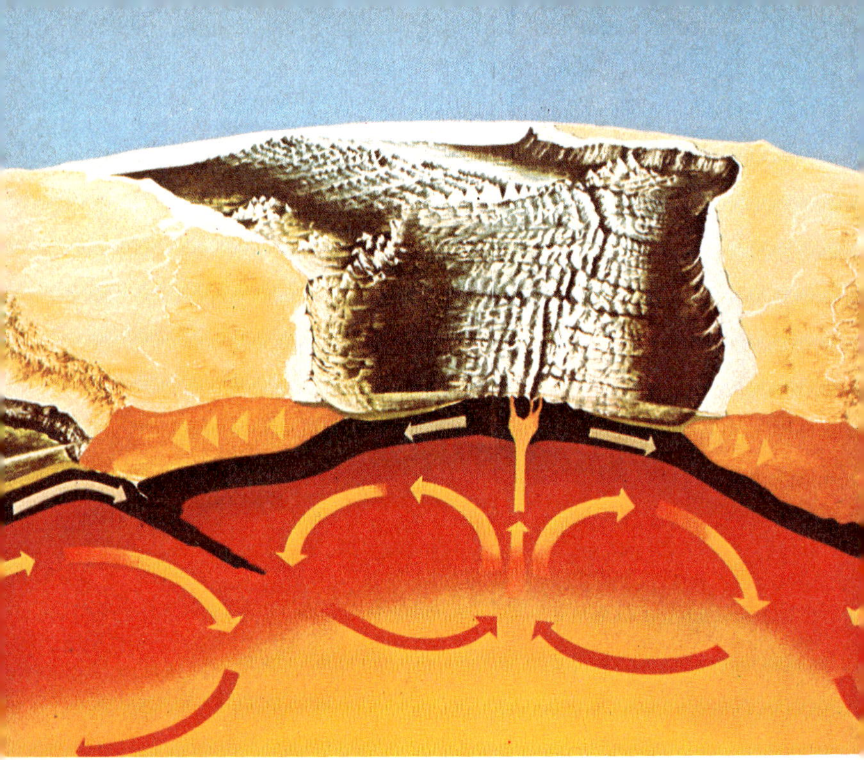

39 Konvektionsströme im Erdmantel. Sie bilden vermutlich den Antrieb für die Plattendrift.

Platten im Konflikt

Wenn auch zahlreiche Details über das Wie und Warum der Plattendrift noch zu klären sind – an der Bewegung selbst zweifelt heute niemand mehr. Zumal sich damit so unterschiedliche und bislang kaum zu begreifende Erscheinungen wie Gebirgsentstehung, Vulkanismus und Erdbeben auf einen Schlag erklären lassen. Alle diese geologischen Aktivitäten spielen sich nämlich meist an den Plattengrenzen ab – also dort, wo die driftenden Schollen miteinander in Konflikt geraten.

Gebirge werden hochgepreßt, wenn Platten zusammenprallen. So hoben und heben sich die Alpen, weil Afrika gegen Europa treibt, und die Norddrift der indischen Platte ist verantwortlich für die Entstehung des Himalaya. Ebenso bilden sich Vulkane bevorzugt an den Nahtstellen zweier Platten, wo die Verbindung zum Erdinnern besonders leicht aufreißt. Surtsey und Island wurden bereits erwähnt. Die Vulkane Japans, aber auch die erloschenen Eifelvulkane oder der Kaiserstuhl im Rheingraben sind weitere Beispiele. Wir werden darauf noch eingehen.

Besonders deutlich aber sind Plattengrenzen und Erdbeben miteinander verknüpft. Denn überall dort, wo sich Platten gegeneinander bewegen oder aneinander »entlang schrammen«, macht sich dies in mehr oder weniger starken Bodenerschütterungen bemerkbar. Und immer dann, wenn die Bewegung besonders ruckartig verläuft, kommt es zu großen Beben. Im Durchschnitt wird weltweit jede Stunde ein Erdbeben registriert, und die Bebenherde zeichnen gleichsam die Umrisse der Platten nach (Abb. 40).

Tatsächlich war es erst die geduldige und fleißige Kleinarbeit der Geologen, die jedes seismische Ereignis säuberlich auf eine Karte eintrugen, was die Existenz dieser Platten und ihre Form ans Tageslicht brachte. Dies wiederum war erst möglich durch eine systematische und internationale Erdbebenauswertung.

Meeresbrandung im Fränkischen Jura

Die ersten exakt arbeitenden Seismometer wurden kurz nach der Jahrhundertwende in Göttingen aufgestellt. Noch heute ist an der kleinen, in den Felsboden eingelassenen Erdbebenwarte das Motto ihres Gründers, Emil Wiechert, zu lesen: »Ferne Kunde bringt dir der schwankende Fels, deute die Zeichen.« Aber nicht nur dieser Sinnspruch über der Eingangs-

40 Weltkarte mit eingezeichneten Bebenherden. Die Gesamtheit aller Beben zeichnet ein genaues Bild der Plattenumrisse.

tür, auch die altehrwürdigen Geräte selbst sind erhalten, und – kaum zu glauben: Sie registrieren bis auf den heutigen Tag den »schwankenden Fels«. Seit über siebzig Jahren gibt es keine Erdbebenkatastrophe, die nicht als nüchternes Seismogramm hier dokumentiert wäre. Angefangen vom großen San-Francisco-Beben aus dem Jahre 1906 bis zu den jüngsten Beben in China.

Die Göttinger Seismometer arbeiten – nicht anders als die modernsten Geräte – nach einem denkbar einfachen Prinzip: Kernstück ist immer ein möglichst reibungsfrei aufgehängtes Gewicht. Bei Erdbeben behält das Gewicht dann raumfest seine Lage bei, während sich der Untergrund und die gesamte Umgebung bewegen. Diese Relativbewegung wird, vielfach verstärkt, als Seismogramm aufgezeichnet.

Bei den Göttinger Geräten erfolgt die Verstärkung über ein ausgetüfteltes Hebelsystem, und die seismischen Schwingungen werden 2000fach vergrößert in rußgeschwärztes Papier geritzt. Beides ist zwangsläufig mit Reibung verbunden, und um deren Bremswirkung zu überspielen, hat man ein besonders schweres Gewicht gewählt: ein 17-Tonnen-Stahlbehälter voller Granitsteine. Und trotzdem ist das System so empfindlich, daß schon kräftiges Anpusten des 17-Tonnen-Gewichts ausreicht, um ein Erdbeben zu registrieren.

Heutige Seismometer, die mit reibungsfreier elektronischer Verstärkung arbeiten, wiegen kaum mehr als ein Plattenspieler, und ihre Leistungsfähigkeit ist atemberaubend. Doch hier war es einmal nicht die Raumfahrt, die diesen technologischen Schub bewirkte, sondern seltsamerweise die unterirdischen Kernwaffentests der Supermächte. Genauer gesagt: Die Notwendigkeit, diese Tests zu überwachen. Wie anders als durch höchst empfindliche Seismometer und ein Netz von Beobachtungsstationen sollte dies geschehen?

Auch das heutige seismologische Zentralobservatorium bei Erlangen, die modernste Erdbebenstation der Bundesrepublik, verdankt diesem Umstand ihr Entstehen. Dicht an der Grenze zum Ostblock gelegen, wurde sie ursprünglich von den Amerikanern eingerichtet. Heute ist die Station völlig »zivilisiert« und nur an natürlichen Beben interessiert. Aber zwangsläufig und wider Willen werden dort auch künstliche Erschütterungen wie Sprengungen, Explosionen oder Flugzeugabstürze mit aufgezeichnet. Denn die Seismometer des Observatoriums stehen in klimatisierten, unterirdischen Räumen direkt auf dem Felsgestein und verstärken dessen Schwingungen um das 100000fache.

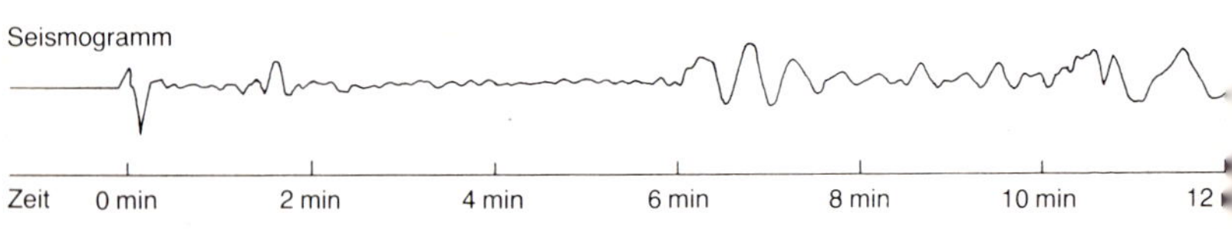

100000fache Verstärkung – das bedeutet, daß noch Bodenverschiebungen von einem hunderttausendstel Millimeter wahrgenommen werden. Und dies hat Konsequenzen: Die seismischen Schwingungen, die dort Tag und Nacht über den Bildschirm laufen und auf Magnetband gespeichert werden, kommen niemals zur Ruhe. Der Felsboden zittert ununterbrochen! Hauptursache ist die Meeresbrandung der Nordsee. Noch 600 Kilometer landeinwärts sind ihre Erschütterungen zu spüren. Einen weiteren Unruheherd bildet der Straßenverkehr, obwohl das Zentralobservatorium abgelegen im Fränkischen Jura liegt: Das Seismogramm spiegelt den Eintritt der Rush-hour ebenso wider wie die Stärke des Ausflugverkehrs am Wochenende, was wiederum Rückschlüsse auf das Wetter erlaubt. Ferne Kunde bringt dir der schwankende Fels!

Die Seismologen allerdings sind nicht gut auf solche »Schmutzeffekte« zu sprechen, weil dadurch sehr schwache Erdbeben überdeckt werden. Sie helfen sich damit – das ist die neueste Entwicklung –, daß sie ein ausgedehntes Netz von Seismometern aufstellen und deren Aufzeichnungen zusammenschalten. Dann heben sich die Zufallsstörungen großenteils auf, und nur das eigentliche Erdbebenseismogramm bleibt übrig.

Röntgenbild der Erde

Wenn in China die Erde bebt, macht sich dies 12 Minuten später in Deutschland bemerkbar. Dann treffen die ersten Erdbebenwellen bei uns ein, lassen den Boden erzittern und die Seismometer ausschlagen – zu einem Zeitpunkt also, da die Erdstöße am Bebenherd längst vorüber sind.

Doch die Kunde aus China trifft nicht nur zeitlich versetzt bei uns ein, der Lauf durch den Erdball hat sie zudem so verändert und verzerrt, daß sie erst sorgfältig dechiffriert werden muß, um etwas über das ursprüngliche Geschehen auszusagen. Denn nicht nur die Ausgangserschütterung, auch alles, was den Erdbebenwellen auf ihrem langen Weg nach Deutschland widerfahren ist, schlägt sich zwangsläufig im Seismogramm nieder. Das Beispiel eines Bebens in Taschkent macht dies deutlich (Abb. 41):

Das gesamte Seismogramm erstreckt sich über mehr als 20 Minuten – ein Vielfaches der eigentlichen Bebendauer. Dabei kommt es zu vier

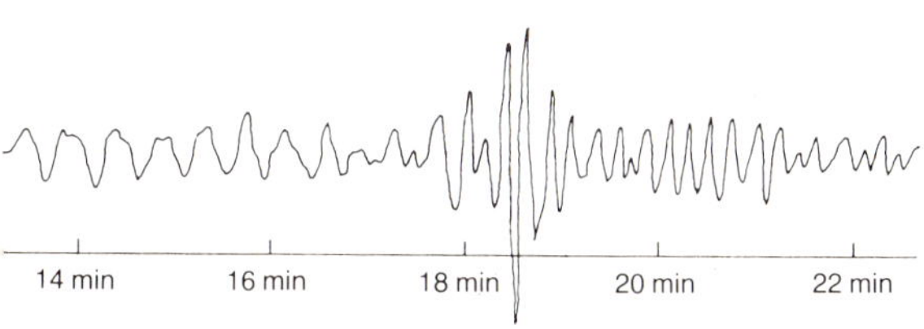

41 Seismogramm eines Bebens in Taschkent vom 17. Mai 1976.

42 Verschiedene Wege der Erdbebenwellen durch den Globus führen zu verschiedenen »Gipfeln« im Seismogramm.

auffallenden Höhepunkten der Bodenunruhe, die aber keineswegs etwa einzelnen Erdstößen entsprechen. Wie ist dies zu erklären?

Zunächst einmal durch die verschiedenen Wellenarten, die vom Bebenherd ausgehen und die mit unterschiedlicher Geschwindigkeit durch die Erde laufen. Dies zieht das Ereignis auf dem Seismogramm so lange hin, bis auch die langsamsten Wellen eingetroffen sind. Ein anderer Effekt jedoch ist viel bedeutsamer: Die Erdbebenwellen können den Globus auf verschiedenen Routen durchlaufen (Abb. 43)! Zum Beispiel auf direktem Weg von Taschkent nach Deutschland. Das dauert 12 Minuten und erbringt den ersten »Gipfel« im Seismogramm. Anderthalb Minuten später entsteht ein zweites Maximum – verursacht durch Bebenwellen, die einen etwas längeren Weg durchliefen: Sie wurden einmal an der Erdoberfläche reflektiert und erreichten dann erst die Meßstation. Sechs Minuten später setzt das dritte Maximum ein. Es stammt von Wellen mit dem größten Umweg: Sie liefen zunächst in die Tiefe der Erde, bis sie dann am äußeren Erdkern zurückgespiegelt wurden in Richtung Erdbebenstation. Die stärksten Bodenbewegungen beginnen erst nach weiteren vier Minuten. Sie entstehen durch Wellen, die nicht durch die Erde hindurch, sondern außen an der Oberfläche entlanglaufen. Die Ausbreitungsgeschwindigkeit dieser Oberflächenwellen ist so langsam, daß sie trotz des relativ kurzen Weges das Schlußlicht im Seismogramm bilden.

Bei besonders starken Beben kann sich das Seismogramm sogar über Stunden hinziehen. Dann gerät nämlich der gesamte Globus in Schwingungen – ähnlich wie ein angeschlagener Gong. Der »Grundton« dieses

43 Der San-Andreas-Graben bei San Francisco markiert einen Riß in der Erdkruste.

Nachklingens, die langsamste Schwingung des Erdballs, dauert dabei 54 Minuten.

Letztlich ist es also der Aufbau des Erdballs und die Beschaffenheit seines Materials, was ein Seismogramm zeitlich strukturiert und in verschiedene Abschnitte unterteilt. Und eben hierin erkannten die Geowissenschaftler schon vor Jahrzehnten eine Chance, nunmehr umgekehrt etwas über das Innere unseres Planeten zu erfahren. Von Seismogrammen ausgehend erschlossen sie immer genauer den Aufbau einer Welt, die uns unerreichbarer und unzugänglicher ist als das Weltall.

Aus dem Spiegelbild der Erdbebenwellen rekonstruierten sie Anzahl und Lage der spiegelnden Flächen und konnten so die Schalenstruktur der Erde ermitteln. Wenn man von der Feinunterteilung einmal absieht, läßt sie sich in die dünne Erd*kruste*, den äußeren und inneren Erd*mantel*, sowie den äußeren und inneren Erd*kern* untergliedern.

Umgekehrt: Mit diesem Röntgenbild der Erde ist es für heutige Geophysiker und ihre Computer nur mehr Routine, aus der zeitlichen Abfolge der Seismogrammgipfel zurückzurechnen, wo der Ort liegen muß, von dem aus die Erdbebenwellen ihre Reise antraten. Ein vollständiges Seismogramm enthält stets den Absende-Ort.

Die so lokalisierten Erdbebenherde aber verfeinerten ihrerseits wieder das Bild von der Erde, indem sie die Ränder der Platten aufzeigten, in welche die Erdkruste zersplittert ist – auch wenn diese Ränder tief unterm Pazifik oder Atlantik verborgen liegen.

San Francisco in Gefahr

Mancherorts sind die Plattengrenzen sogar mit bloßem Auge zu sehen. Südlich von San Francisco beispielsweise reißt die Erde buchstäblich auf: Der berühmte San-Andreas-Graben markiert dort unübersehbar die Nahtlinie zwischen der amerikanischen und der pazifischen Platte (Abb. 43).

Über Tausende von Kilometern von Alaska bis Mexiko läßt sie sich entlang der Küste verfolgen, teils auf dem Kontinent, teils unter Wasser verlaufend.

Kein Tag vergeht ohne geologische Unruhen an dieser Grenze. Allein in Kalifornien werden jeden Monat etwa dreißig kleinere Erdbeben und noch mehr Mikrobeben registriert. Und alle paar Jahre versetzen größere Erdstöße die Bewohner in Schrecken.

Am 27. März 1964 legte ein Beben der Stärke 8,3 auf der Richterskala die Stadt Anchorage, die Wirtschaftsmetropole Alaskas, in Trümmer. Neue Inseln entstanden, Landgebiete versanken im Meer, rund um die Erde sausten die Seismometernadeln bis zum Anschlag. Das Beben hatte

– so errechneten die Wissenschaftler – eine Energie von über zehn Millionen Atombomben freigesetzt.

Ursache all dieser Erschütterungen ist die unterschiedliche Drift der beiden aneinanderstoßenden Erdkrustenteile: Die amerikanische Platte wandert zwei bis drei Zentimeter im Jahr nach Südosten, die pazifische Platte mit der gleichen Geschwindigkeit nach Nordwesten. Und wenn sich die mit großem Druck zusammengepreßten Platten verkeilen und verhaken, verläuft diese Bewegung ruckend und stockend – dann bebt die Erde.

Aber auch dort, wo die Verschiebung sanft und gleichmäßig vor sich geht, hat sie Folgen. Da müssen Ranchbesitzer alle paar Jahre ihre Zäune begradigen, weil sie wie von Zauberhand versetzt wurden. Bürgersteige erhalten immer wieder an derselben Stelle einen Knick. Wasserleitungsrohre brechen und Straßenbeläge reißen, kaum daß sie geflickt sind, wieder auf. Man kann daran sogar unmittelbar die Plattendrift ausmessen.

Vor zehn Jahren pinselten Wissenschaftler eine schnurgerade Reihe weißer Punkte auf eine Landstraße bei San Francisco. In regelmäßigen Abständen erneuerten sie die Farbe und beobachteten, wie sich die Punktereihe Jahr für Jahr verschob. Heute führt sie ziemlich gerade auf einen Riß im Asphalt zu, bricht dort ab und läuft um etwa 20 Zentimeter seitlich versetzt weiter. Der Riß im Asphalt an dieser Stelle kündet vom ungleich gewaltigeren Riß in der Erdkruste. Die Verschiebung der Farbkleckse entspricht der Verschiebung riesiger Landmassen.

Wenn es aber um die exakte Erfassung der Bodenbewegung geht, reichen Farbmarkierungen und Metermaß nicht mehr aus. Mit modernen Lasergeräten läßt sich praktisch die Momentanverschiebung der Platten erfassen. Dazu schickt man Laserstrahlen von einem Bergrücken auf einen Hang jenseits der Verwerfungslinie, wo rasierspiegelgroße Reflektoren den Lichtstrahl zurückspiegeln. Die Überlagerung des Lichtstrahls mit sich selbst erlaubt dann sehr genaue Interferenzmessungen, die noch Verschiebungen von Bruchteilen von tausendstel Millimetern anzeigen.

Wozu aber diese hypergenaue Vermessung? An der Bewegung selbst ist ja ohnehin nichts zu ändern. Doch das Interesse der Wissenschaftler ist hier alles andere als akademisch zweckfrei; denn sollte die Bewegung mit einem Mal ins Stocken geraten, so wäre dies ein alarmierendes Signal: Ein Hinweis darauf, daß sich die Platten in diesem Gebiet womöglich »festgefressen« haben und sich nur durch ein Erdbeben wieder befreien können.

So war es am 18. April 1906, als das legendäre San-Francisco-Beben die Stadt zerstörte. Bis zu drei Metern »sprang« damals der Boden und riß eine Erdspalte von 400 Kilometer Länge auf. 700 Menschen kamen um – viele in den Flammen des ausbrechenden Großfeuers. Gesamtschaden 1,5 Milliarden Mark. San Francisco bot ein einziges Bild der Verwüstung, das sich mit zerstörten deutschen Städten nach den Luftangriffen im Zweiten Weltkrieg vergleichen läßt.

Übrigens zeigt nicht nur das Bild der Zerstörung Parallelen; von Bomben- und Bebenkatastrophen existieren gleichermaßen seismologische Zeugnisse. So wurde etwa der große Luftangriff auf Stuttgart von der dortigen Erdbebenstation wider Willen in allen Einzelheiten aufgezeichnet. Jede detonierende Bombe und Mine, jeder Gebäudeeinsturz und Flakschuß ist seismographisch festgehalten.

Zurück zu San Francisco. Seit man die geologische Ursache der Katastrophe von 1906 erkannt hat, wächst die Überzeugung, daß sie sich eines Tages wiederholen muß. Denn San Francisco wurde zwar moderner, größer, höher wiederaufgebaut, aber natürlich an genau derselben neuralgischen Stelle: Nach wie vor läuft der San-Andreas-Graben mitten durch die Stadt. Und bereits jetzt – so haben die Wissenschaftler festgestellt – ist die Plattenverschiebung dort bereits um mehrere Meter hinter ihrem Soll zurück. San Francisco kann in diesem Augenblick oder erst in Jahrzehnten von der Katastrophe heimgesucht werden. Aber je länger der Tag X auf sich warten läßt, um so größer und vernichtender wird der Ruck ausfallen, mit dem die aufgestaute Spannung sich Bahn bricht.

Experten schätzen, daß es dann, ein Beben der Stärke von 1906 vorausgesetzt, mindestens 10000 Tote und 100000 Verletzte geben wird. Verständlich, daß in Kalifornien fieberhaft an Methoden der Erdbebenvorhersage gearbeitet wird. Doch bevor wir hierauf näher eingehen, sei daran erinnert, daß nicht nur in Kalifornien oder in berüchtigten Bebengebieten wie Peru oder der Türkei, sondern auch bei uns in Deutschland ein Erdbebenwarndienst dringend zu wünschen wäre.

Bricht Europa entzwei?

In Deutschland liegt das aktivste Stück Erde Mitteleuropas – ein gähnender Schlund von vier- bis fünftausend Meter Tiefe, der Jahr für Jahr weiter absackt und aus dessen Grund die Hitze des Erdinnern strömt. Eine Schwachstelle der Erdkruste, die vielleicht dazu führt, daß hier Europa auseinanderbricht und ein neuer Ozean entsteht.

Doch wenn man über diese Gefahrenzone fährt, verrät nichts die ihr innewohnende Dramatik. Im Gegenteil: Eher langweilig, friedlich, flach und fruchtbar liegt die Landschaft da, ruhig vom Rhein durchzogen. Gemeint ist die Oberrheinische Tiefebene.

Seit ungefähr 35 Millionen Jahren sinkt der Oberrheintalgraben, wie er von den Geologen genannt wird, nach unten. In letzter Zeit sogar beschleunigt um einen halben Millimeter jedes Jahr. Das Grundgebirge ist bereits vier bis fünf Kilometer abgesackt, und nur die ebenso mächtigen Ablagerungs- und Verwitterungsschichten verbergen den Abgrund. Aber Wärmeflußmessungen verraten deutlich, wie dünn die Erdkruste an dieser Stelle schon geworden ist: Dreimal so schnell wie anderswo dringt

44 Schnitt durch den Oberrheintalgraben und Kaiserstuhl. Pro Jahr senkt sich das Gebiet um 0,5 Millimeter. Der Kaiserstuhl treibt langsam nach oben.

hier die Hitze des Erdinnern nach oben. Bohrt man in die Tiefe, so steigt die Temperatur alle hundert Meter nicht um drei Grad wie gewöhnlich, sondern um neun Grad an.

Der Grabenbruch, der dem Rhein als bequemes Bett dient, läßt sich nach Süden bis zum Mittelmeer verfolgen, und ebenso setzt er sich nördlich bis in das Kölner Becken und bis hinauf nach Holland fort. Eine Abzweigung führt direkt zum Vogelsberg, der als ehemaliger Vulkan ebenfalls die geologische Aktivität dieses Gebiets bezeugt – genauso wie die aufragenden Kegelstümpfe der Vulkaneifel oder der Kaiserstuhl. Tatsächlich ist auch der Kaiserstuhl ein ehemaliger Vulkan, der heute wie eine Art Korken in dem Grabenbruch sitzt und langsam nach oben getrieben wird (Abb. 44). Nicht von ungefähr weist er jene besonderen Bodenverhältnisse auf, die ihn und seine Weine auszeichnen.

Wenn sich der Oberrheintalgraben weiter vertieft, wenn das Magma des Erdmantels immer mächtiger nach oben dringt, dann könnte hier einmal – in Jahrmillionen ferner Zukunft – Europa auseinanderbrechen und eine neue Plattengrenze entstehen. Dann würde Westeuropa davondriften, und ein sich ausdehnender neuer Ozean würde den Leerraum füllen.

Niemand weiß freilich, ob es wirklich so weit kommen wird oder ob die sich in ersten Ansätzen anbahnende Entwicklung nicht doch anders verläuft. So vermuten einige Wissenschaftler, daß die Einbruchsbewegung in eine horizontale Gleitbewegung übergehen könnte, denn bereits jetzt wandern die Vogesen sehr langsam nach Süden und der Schwarzwald nach Norden.

Wie dem aber auch sei, das einzige, was an diesem Jahrmillionen währenden Vorgang bereits heute Sorgen bereiten kann, sind seine seismischen Begleiterscheinungen. Fast alle Erdbeben Deutschlands lagen – wenn man von dem Bebenzentrum der Schwäbischen Alb absieht – im Gebiet des Grabenbruchs zwischen Basel und Holland. Und dies waren nicht nur Mikrobeben: Vor 600 Jahren forderte ein Erdbeben in Basel 300 Tote. In der Kölner Bucht gab es in den letzten zweihundert Jahren mehr als 55 stärkere Beben. Für eines davon, 1756 bei Düren, errechnete man nachträglich die Stärke 6 – das ist kaum weniger als das katastrophale Beben 1976 in Oberitalien, das auch »nur« die Stärke 6,4 erreichte.

Ähnliches kann schon morgen wieder passieren. Allerdings ist der Kölner Raum um ein Vielfaches dichter besiedelt, und die hohe Technisierung hat uns enorm verletzlich gemacht. Rohrbrüche in einer chemischen Fabrik können weit mehr Unheil anrichten als ein paar eingestürzte Hauswände. Ganz zu schweigen von den französischen und deutschen Kernkraftwerken am Oberrhein. Sie sind zwar mit eigenen Seismometern ausgerüstet, die bei stärkeren Beben eine Schnellabschaltung einleiten sollen, aber zweifellos wäre eine Erdbebenvorhersage in diesen Gebieten dringend zu wünschen.

Das erste deutsche Erdbebenwarnsystem ist im Raum Köln/Düren/Mönchengladbach geplant. Dort wollen die Seismologen ähnlich wie ihre Kollegen in Kalifornien auf Signale achten, die ein bevorstehendes Erdbeben ankündigen. Die Möglichkeiten hierzu haben sich in den letzten Jahren ganz erheblich verfeinert.

Vorboten eines Bebens

Monatelang hängt der Apfel am Baum, wächst und reift heran und wird schließlich irgendwann herunterfallen. Aber wer würde sich zutrauen, auf die Sekunde genau den Zeitpunkt anzugeben, wann die Verbindung von Ast und Apfel abreißen wird? Genau dies ist das Problem der Erdbebenvorhersage. Über Jahrzehnte oder Jahrhunderte bauen sich Spannungen auf, bis irgendwann die Festigkeit des Gesteins dem nicht mehr standhält und das Kräftegleichgewicht zusammenbricht. Wie will man den Tag oder gar die Stunde angeben, wann der alles erschütternde Ruck stattfindet?

Fest steht, daß man sich weder auf ein einziges sicheres Warnsignal noch auf eine einzige Beobachtungsstelle verlassen kann. Wenn Erdbebenvorhersage überhaupt gelingt, dann nur durch ähnliches Vorgehen wie bei der Wetterprognose, wo erst eine Fülle von Daten an zahlreichen Orten die Entwicklung abzuschätzen erlaubt.

So wurde in Kalifornien ein dichtes Netz von teils automatisch arbeitenden Meßstationen errichtet. Alle Daten laufen in der Zentrale in Menlo-Park ein, wo sie auf kritische Merkmale hin untersucht werden. Das Schlüsselwort hierbei heißt »Dilatanz«.

Unter Dilatanz verstehen die Geophysiker eine Lockerung des Gesteinsgefüges aufgrund zahlloser winziger Haarrisse, die sich bei zunehmender Spannung bilden. Diese Mikrorisse sind Vorboten dafür, daß das Gestein der zunehmenden Belastung nicht mehr lange gewachsen ist. Ganz ähnlich wie ein zugefrorener See hörbar knackend feine Risse bekommt, wenn sich die Eisdecke der Grenze ihrer Belastbarkeit nähert und zu brechen droht. Und ebenso wie der Eisläufer nicht durch die Risse selbst, sondern durch die begleitenden Knackgeräusche gewarnt wird, so ergeht es auch dem Geophysiker: Die Haarrisse selbst tief unter der Erde bleiben ihm verborgen, aber eine Reihe von Nebeneffekten verrät ihr Entstehen.

So nimmt die elektrische Leitfähigkeit des Gesteins zu, wenn sich die Risse mit Wasser füllen.

Oder: Die Druckwellen, wie sie von jedem Mikrobeben ausgehen, breiten sich verzögert aus, weil das Gestein aufgrund der Mikrorisse weniger kompakt ist.

Oder: Der Raum, den die Sprünge im Gestein beanspruchen, führt zu winzigen Aufwölbungen des Geländes.

Oder: Durch die Risse steigt der Gehalt des radioaktiven Edelgases Radon im Grundwasser an.

Melden die Meßstationen derartige Dilatanzerscheinungen aus einem bestimmten Gebiet, so werten die Wissenschaftler dies als deutliches Warnsignal, daß dort ein Beben zu erwarten sei. Selbst über die voraussichtliche Stärke gibt es Anhaltspunkte: Je größer das Gebiet, in dem die Dilatanzerscheinungen auftreten, um so größer auch die zu erwartende Bebenstärke.

Der große Haken bei all diesen Vorboten liegt aber darin, daß sie nur sehr grob – auf Wochen oder Monate genau – auf ein Beben hinweisen. Und nicht einmal dies ist mit Sicherheit gewährleistet. Was man für die Praxis braucht, sind kurzfristige Indizien, die Tage oder Stunden vorher ein Beben ankündigen. Auch hier hofft man in Kalifornien auf Erfolge und scheut sich nicht, ganz unkonventionelle Wege zu beschreiten.

Konzentriert sitzt Monika im schmucklosen Labor in der Erdbebenzentrale in Menlo-Park und horcht auf das Gebrummel und Rumoren, das aus ihren Kopfhörern dringt. Es sind die Begleitgeräusche von Erdbeben, wie sie tief unter der Erdoberfläche von Spezialmikrophonen aufgezeichnet wurden. Von den synchron dazu ablaufenden Seismogrammen sieht Monika nichts. Sie ist blind. Ihr Gehörsinn jedoch ist in einer auch für Blinde ungewöhnlichen Weise ausgeprägt. Sie hört nicht nur Frequenzabweichungen von einem zehntel Prozent, sie kann vor allem akustische Muster – also komplizierte Frequenz- und Intensitätsabfolgen – erkennen und wiedererkennen, wie dies keine elektronische Apparatur zu leisten imstande ist.

Aus der Spezialbegabung des blinden Mädchens hoffen die Wissenschaftler in Menlo-Park Nutzen zu ziehen: Monika soll nicht die Beben selbst, sondern die Stunden davor »abhören« und herausfinden, ob es da vielleicht bestimmte typische Geräuschmuster gibt, die ein Beben »einläuten« und verraten, daß es nun ernst wird.

Aber auch wenn dieser Versuch Erfolg bringen sollte – eine kurzfristige Bebenvorhersage wird sich immer auf mehrere sich gegenseitig bestätigende Anzeichen stützen müssen. Auch eine Geräuschanalyse kann für sich genommen nicht ausreichen.

Der Jupiter-Effekt

Wie überall, wo die Wissenschaft noch nach Lösungen sucht, schießen auch für die Erdbebenvorhersage die gutgemeinten Privattheorien ins Kraut. Meist versuchen sie, Unbekanntes durch noch Unbekannteres zu erklären. Es vergeht kein größeres Beben, ohne daß nicht hinterher in der Zeitung zu lesen ist, ein Herr X habe auf Grund seiner persönlichen Theorie die Katastrophe exakt vorausgesagt.

Eine gewisse Publizität hat in diesem Zusammenhang der sogenannte Jupiter-Effekt erzielt. Danach sollen die großen Planeten, allen voran der Jupiter, die Beben auf der Erde auslösen, und zwar durch ihre vereinigte Gravitation. Wenn die vier größten Planeten, Jupiter, Saturn, Uranus und Neptun, mit der Erde auf einer Linie stehen – so die Behauptung –, dann addieren sich deren Schwerkräfte und deformieren die Erdkruste derart, daß es zu weltweiten Beben kommt.

1982 ist es wieder soweit. Dann stehen die großen Planeten in Reih und Glied! Wird 1982 ein Jahr der Erdbebenkatastrophen? Mit Sicherheit nicht! Oder genauer: mit Sicherheit nicht aus diesem Grund. Denn weit gravierender als alle Planeten wirkt sich unser Mond auf die Erdkruste aus. Seine Gravitation wölbt nicht nur die Flutberge der Meere auf, sie hebt tatsächlich auch die feste Gesteinshülle bis zu einem halben Meter – und dies alle zwölf Stunden einmal, ohne daß dabei eine Häufung von Erdbeben aufträte. Der Jupiter-Effekt ist, verglichen mit diesem Mondeffekt, verschwindend gering, was einfach an der Entfernung liegt. Die großen Planeten kreisen so weit entfernt von der Erdbahn, daß dadurch die Gravitationswirkung ihrer Massen mehr als kompensiert wird. Ihr Einfluß ist getrost zu vergessen.

Ganz anders verhält es sich mit einer in China praktizierten Methode der Bebenvorhersage. Sie wurde anfangs zwar auch etwas belächelt, aber hat sich nach einem spektakulären Erfolg im Jahre 1975 auch bei westlichen Wissenschaftlern Anerkennung und sogar Bewunderung verschafft.

Tiere warnen vor Erdbeben

Die chinesische Methode bedient sich der Sinnesleistung von Tieren und macht sich damit eine uralte Erfahrung zunutze. Schon die Römer profitierten bekanntlich davon, als ihre Gänse auf dem Kapitol laut schnatternd das Herannahen der Feinde verrieten. Wahrscheinlich hatten die Vögel mit ihrem feinen Hörvermögen das Scheppern der Waffen oder die Schritte der Soldaten wahrgenommen – längst, bevor menschliche Ohren dazu imstande waren.

Eine moderne Parallele dachten sich die Angehörigen der deutschen Botschaft in Saigon aus: Sie hielten sich in den letzten Tagen vor der Eroberung eine Gänseherde zum Schutz vor Plünderern. Ein anderes Beispiel bot ein Erpel in Freiburg, der im November 1944 eine halbe Stunde vor einem schweren Luftangriff die Einwohner warnte. Obwohl letztlich nicht belegbar, spricht vieles dafür, daß der Erpel das tiefe Dröhnen der herannahenden Bomber in einem Frequenzbereich hörte, der unseren Ohren nicht zugänglich ist. Die Freiburger jedenfalls setzten ihrem Erpel ein Denkmal.

Es gibt Berichte, wonach sich Affen im Zoo mehrere Stunden vor Eintritt eines Erdbebens so auffallend unruhig und seltsam benahmen, daß der Wärter vor einem Rätsel stand. Um der Sache nachzugehen, machten Wissenschaftler des Primatenzentrums der Stanford Universität ein aufsehenerregendes Experiment. Sie ließen ihre Schimpansen mehrere Monate lang genauestens beobachten und alle 30 Sekunden eine Notiz über ihr Verhalten anfertigen. Dabei zeigte sich, daß die Tiere an einem bestimmten Tag – es war ein 18. Juni – besonders unruhig und erregt waren. Der Grund wurde offensichtlich, als man später eine Bebenliste aus Menlo-Park anforderte: Am 19. und 20. Juni, also an den beiden darauffolgenden Tagen, war eine Serie schwacher Beben in der Umgebung der Primatenstation registriert worden. Auf irgendeine Weise, so folgerten die Wissenschaftler, müssen die Tiere das kommende Unheil gespürt haben – vielleicht sehr schwache Vorbeben im hochfrequenten Bereich.

In der Tat gibt es schon bei primitiven Tieren eine Vibrationsempfindlichkeit, die unglaublich anmutet. Zum Beispiel bei ordinären Küchenschaben. An der Universität Konstanz hat man mit haarfeinen Nadeln die Nervenimpulse von den Vibrationssensoren im Bein einer Küchenschabe gemessen. Ein einziges Sandkorn, das neben dem Insekt zu Boden fiel, löste bereits ein Nervensignal aus. Mehr noch: Nachweislich sprachen die Sensoren auf Erschütterungen an, bei denen sich der Untergrund um nicht mehr als einen Atomdurchmesser bewegte. Wie die Insekten dies fertigbringen, ist bislang noch ein Rätsel.

Der Erfolg von Haicheng

In China ist man schon seit einigen Jahren dazu übergegangen, Tierbeobachtungen fest in die Erdbebenvorhersage mit einzubeziehen. 1975 wurden in der Provinz Liaoning in der Umgebung von Haicheng bedenkliche Dilatanzerscheinungen beobachtet. Als Antwort auf dieses Warnsignal aktivierte man Tausende von Amateurseismologen und Zehntausende von Helfershelfern, die jede auffällige Veränderung zu melden hatten. So gingen laufend Berichte über die Höhe des Grundwasserspiegels oder über die Ergiebigkeit von Quellen ein oder über Trübung des Wassers. Ebenso aber auch Beobachtungen an Tieren: »Schlangen, die sich im Winterschlaf befanden, krochen verstört aus ihren Löchern und verloren ihre Furcht vor den Menschen; Hühner, Enten und Gänse, Rinder, Pferde und Schafe fraßen nicht mehr, schrien und mieden stur ihr Gehege.« So schildert es ein chinesischer Originalbericht.

In der Nacht vom 3. auf den 4. Februar 1975 war es dann soweit. Die Meldungen häuften sich derart und konzentrierten sich zudem auf die verdächtigen Dilatanzgebiete, daß das Parteikomitee mitten in der Nacht um zwei Uhr eine Evakuierung anordnete. Gut vorbereitet und diszipliniert verließen die Bewohner ihre Häuser und zogen ins Freie. Banges Warten.

Nach fünfeinhalb Stunden – genau um 7.36 Uhr morgens – begann die Erde zu schwanken: Stärke 7,3. Ganze Straßenzüge stürzten ein, fast alle Häuser erlitten Schäden. Aber nur vereinzelt kam es zu Unfällen. Die »Voranmeldung« hatte dem Beben zwar nicht seine Zerstörungskraft, aber seine schrecklichsten Folgen genommen. Mit Sicherheit wurde Tausenden von Menschen das Leben gerettet. Denn was ein Erdbeben dieser Stärke ausrichten kann, zeigte sich genau ein Jahr später mit schrecklicher Deutlichkeit in Guatemala, wo 23000 Menschen unter den Trümmern ihrer Häuser begraben wurden.

Das chinesische Beispiel schien den Beweis zu liefern, daß Erdbeben vorhersehbar sind, wenn man nur genügend viele Einzelerscheinungen beobachtet, sammelt und koordiniert. Heißt das Erfolgsrezept gegen Erdbebenkatastrophen »disziplinierte Fleißarbeit«?

Gewiß liegt darin ein vielversprechender Ansatz. Aber abgesehen davon, daß dieser Weg durch seinen ungeheuren »Personalaufwand« für andere Länder nicht ohne weiteres zu beschreiten ist, bedeutet auch der Erfolg von Haicheng noch nicht den endgültigen Durchbruch zu präziser Erdbebenvorhersage. Die beiden schweren Beben 1976 in Nordchina brachen völlig unerwartet über die Bevölkerung herein und forderten – genaue Zahlen sind bis heute unbekannt – wahrscheinlich viele Tausend Menschenleben.

Ratlosigkeit statt Unwissenheit

Dennoch glauben die Experten in Ost und West an eine ständige Verbesserung der Erdbebenvorhersage, wobei sie auf eine Kombination physikalischer Meßdaten mit Naturbeobachtungen nach chinesischem Vorbild bauen. Irgendwann, vielleicht in zehn oder fünfzehn Jahren, kann es dann passieren, daß sich einige Wissenschaftler an die Behörden von San Francisco wenden und mitteilen: Alle unsere Daten sprechen dafür, daß wir höchstwahrscheinlich kurz vor dem großen Beben stehen. Was dann?

Der erste Gedanke an den Triumph der Wissenschaft, an die Macht, selbst die brutalste aller Naturgewalten ins Leere laufen zu lassen, verflüchtigt sich sehr schnell. Denn wie eigentlich soll eine Millionenstadt auf die Ankündigung reagieren? Gewiß, auch San Francisco läßt sich evakuieren – und wer würde den organisatorischen Aufwand scheuen, wenn es um Zehntausende von Menschenleben geht? Aber wie groß darf oder muß denn die Wahrscheinlichkeit für das Beben sein, bevor man sich zu einer so ungeheuren Maßnahme entschließt? 70 Prozent oder 90 Prozent? Und wieviel Wartezeit soll man in Kauf nehmen: einen Tag, eine Woche, einen Monat? Und wenn das Beben nur leicht oder mäßig ausfällt, so daß es auch in der Stadt zu überstehen gewesen wäre? Wer kommt dann für den Ausfall in Milliardenhöhe auf, für die unnötige Evakuierung, für Unfälle?

Je genauer man die Sache durchdenkt, desto mehr drängt sich die Überzeugung auf, daß der wissenschaftliche Fortschritt hier dabei ist, die Probleme mehr zu verschieben als zu lösen: Man tauscht Unwissenheit ein gegen Ratlosigkeit.

Hatte Darwin recht?
Vorurteile gegen die Evolutionstheorie

»Wir sind heute viel überzeugtere Darwinisten, als es Darwin einst war – und dies mit viel besseren Argumenten!« Der Ausspruch von Konrad Lorenz dokumentiert, wie sehr Charles Darwins Evolutionstheorie zur gesicherten Grundlage heutiger Biologie geworden ist.

Dennoch: Was die Biologen in den letzten 120 Jahren zum Eckpfeiler ihres Lehrgebäudes machten, ist für viele auch heute noch ein Stein des Anstoßes. Wie soll man – so fragen insbesondere religiöse Menschen – diese natürliche Erklärung unserer Herkunft mit der Vorstellung göttlicher Schöpfung in Einklang bringen? Eines scheint das andere auszuschließen. Oder, ein zweiter Vorbehalt: Wenn der »Kampf ums Dasein« den Antrieb für alle Höherentwicklung darstellt, muß dann nicht Rücksichtslosigkeit, rohe Auseinandersetzung und brutale Unterdrückung als naturgegeben hingenommen werden? Ein Freibrief für Inhumanität?

Und schließlich ein dritter Einwand, der immer wieder vorgebracht wird: Wie kann der blinde Zufall die treibende Kraft sein für die Entstehung so unbegreiflich komplexer und hochgeordneter Systeme, wie sie schon einfachste Lebewesen darstellen – von uns selbst, unserem Körper und Gehirn ganz zu schweigen?

Vorbehalte dieser Art – oft anders formuliert, oft unausgesprochen, oft unbewußt – machen es vielen Leuten schwer, die Darwinsche Evolutionstheorie zu akzeptieren. Bevor wir darauf näher eingehen, hier eine kurze Zusammenstellung der Grundgedanken dieser Theorie.

Ähnlich – weil verwandt

Niemand wundert sich, wenn Eltern und Kinder sich ähneln oder wenn der Enkel in seiner Art zu gehen oder zu lachen »ganz der Opa« ist. Ohne groß darüber nachzudenken, interpretieren wir Ähnlichkeit hier als Verwandtschaft, als Hinweis auf einen geschichtlichen Ablauf, an dessen Beginn gemeinsame Vorfahren stehen.

Längst nicht so leicht fällt uns derselbe Schluß, wenn er über die eigene Art hinaus geht: Auch unsere Ähnlichkeit mit Affen, insbesondere mit Menschenaffen, weist unübersehbar auf gemeinsame Vorfahren hin. Nicht, daß wir vom Affen abstammten – das hat nie jemand, auch Darwin nicht, behauptet –, aber irgendwann, vor vermutlich 25 Millionen Jahren, existierte ein Lebewesen, das weder Affe war noch Mensch, sondern beider gemeinsamer Urahn. Und je näher uns Knochen – insbesondere Schädelfunde – zu diesem Zeitpunkt zurückführen, um so tierähnli-

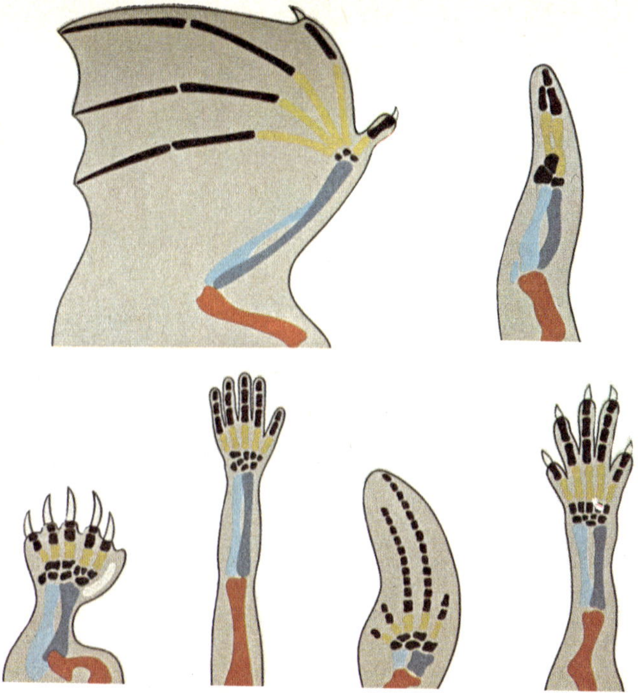

45 Das Bauprinzip unseres Arms findet sich bei den Vordergliedmaßen zahlreicher Tiere wieder. Oben: Fledermaus, Pinguin. Darunter, von links nach rechts: Maulwurf, Mensch, Wal, Eidechse.

cher wird das Bild, das sie uns von unseren Vorfahren vermitteln. Kein Zweifel, unser Stammbaum hat seine Wurzeln im Tierreich.

Diese Verwandtschaft läßt sich auch dort erkennen, wo der bloße Augenschein dagegen spricht. Was hat beispielsweise unser Arm mit den Flügeln einer Fledermaus gemein? Auf jeden Fall mehr, als daß man es dem Zufall zuschreiben könnte! Unsere fünf Finger finden sich genauso bei der Fledermaus – vier davon besonders weit abgespreizt, um die Flügelhaut aufzuspannen. Ebenso die Mittelhandknochen, Handwurzelknochen, Elle und Speiche, Ellbogen usw. Die Übereinstimmung ist unübersehbar. Und dies nicht nur bei der Fledermaus: Selbst die Grabeschaufel des Maulwurfs, die Flosse des Wals oder das Vorderbein einer Eidechse sind nach demselben Fünf-Finger-Konstruktionsprinzip gebaut (Abb. 45). Wie anders als durch gemeinsame Urahnen vor undenklich langer Zeit sollte man das erklären?

Ein besonders extremes Beispiel liefert hier auch der Vergleich eines

Maulwurfs mit einer Giraffe, und zwar gerade in dem Punkt, wo man glauben sollte, sie würden sich maximal unterscheiden: am Hals. Zählt man die Halswirbel des kleinen, gedrungenen Wühlers und die einer Viermeter-Giraffe, so kommt man jedesmal exakt auf sieben. Sieben Halswirbel sind ein Kennzeichen aller Säugetiere, ein Familienmerkmal, das sich vom einstigen Ur-Säugetier bis heute erhalten hat, und das natürlich auch wir besitzen.

Aber derartige Ähnlichkeiten sind keineswegs auf äußere Gestaltmerkmale oder das Knochengerüst beschränkt. Wir profitieren alle davon, daß sich unsere Verwandtschaft zum Tier auch in ähnlichen Körper*funktionen* ausdrückt. Denn die Entwicklung und Erprobung von Medikamenten oder die Erkennung von Umweltgiften ist ohne Tierversuche nicht mehr denkbar. Die Ratten, Katzen oder Hunde, die wir in den pharmazeutischen Labors gewissermaßen stellvertretend für uns leiden lassen, können dies nur, weil ihre Organe, ihr Stoffwechsel oder ihr Blutkreislauf eben ähnlich funktionieren wie bei uns. Wir machen uns zu Nutznießern unserer tierischen Verwandtschaft.

Dies beginnt freilich schon dann, wenn wir ein Brathähnchen oder Kotelett essen. Wären Huhn und Schwein nicht aus denselben biologischen Grundbausteinen gefügt wie wir, kämen sie als Nahrungsmittel kaum in Frage. Entsprechendes gilt für Pflanzen und Früchte. Eine Zitrone ist nur deshalb »gesund« für uns, weil sie ebenso wie wir Vitamin C für ihren Stoffwechsel benötigt – mit dem Unterschied freilich, daß sie Vitamin C aus eigener Kraft produzieren kann. Ebenso das Korn auf unseren Feldern: Seine Verwertbarkeit zum täglichen Brot ist ein unabdingbarer Hinweis darauf, daß wir auch mit dem Weizen oder Roggen verwandt sind.

Der chemische Stammbaum

In den letzten Jahren ist es sogar gelungen, exakt den Grad dieser Verwandtschaft zu ermitteln. Natürlich nicht auf Grund äußerer Ähnlichkeit, aber auf Grund der Ähnlichkeiten im Aufbau bestimmter Enzyme, die bei allen Organismen vorkommen. Das Atmungsenzym beispielsweise, das für die Zellatmung gebraucht wird, ist bei Menschen und Affen noch fast identisch: Die Molekülkette unterscheidet sich nur an einer einzigen Stelle. Beim Hund sind es schon elf Stellen, die voneinander abweichen, beim Thunfisch 21, beim Weizen 41 usw. Je geringer die Verwandtschaft, um so geringer auch die Ähnlichkeit des Enzymaufbaus.

Man konnte auf diese Weise einen »enzymatischen Stammbaum« aller Lebewesen erstellen, bis hinunter zu den primitivsten Organismen. Die schematische Abbildung 46 zeigt, daß es vor 280 Millionen Jahren einen gemeinsamen Vorfahren aller Säugetiere gab, vor 490 Millionen Jahren den Urahn aller Wirbeltiere und daß sich vor 750 Millionen Jahren die Insekten in ihrer Entwicklung abzweigten. Das Interessanteste an diesem Stammbaum ist aber fraglos die Tatsache, daß er sich in allen Punkten mit dem deckt, was auch die Paläontologen aus Skelett- oder Fossilfunden in mühsamer Kleinarbeit erstellten. Ein Beleg dafür, daß unser Bild von der Geschichte des Lebens so falsch nicht sein kann.

Letzter und schlagender Beweis aber für die Verwandtschaft allen irdischen Lebens ist die Einheitlichkeit des »genetischen Codes«. Vom primitivsten Tabakmosaikvirus bis zum Homo sapiens – alle Lebewesen halten ihre Erbinformation in der gleichen Weise gespeichert: Immer besteht das Erbmolekül, die DNS, aus der Abfolge chemischer Bausteine, den sogenannten Nukleotiden. Aber grundsätzlich kommen nur vier verschiedene Nukleotide vor, die dann von Fall zu Fall in unterschiedlicher Reihenfolge und Gesamtzahl aneinandergefügt sind. Der genetische Code kennt somit nur vier verschiedene Buchstaben. Aber dieses Vierer-Alphabet ist von wahrhaft globaler Gültigkeit. Kein einziges Lebewesen, das sich nicht seiner bediente!

An der Tatsache der Evolution ist mithin nicht zu zweifeln. Die Abkunft des Lebens von einer primitiven Urzelle und seine anschließende Vervollkommnung in einem geschichtlichen Prozeß steht außer Frage. Selbst zu Darwins Zeiten waren die Indizien schon so erdrückend, daß die meisten Forscher eine Höherentwicklung annahmen. Die entscheidende Frage blieb nur das »Wie«. Wie brachten es die Lebewesen fertig, sich so ideal an ihre Umwelt anzupassen? Wie kamen die Vögel zu ihren Flügeln, die Maulwürfe zu ihren Schaufelhänden, der Mensch zu seinem Gehirn? Wie sieht, kurz gesagt, die gestaltende Kraft aus, die hinter all dem steckt?

Darwins Konzept

Darwins Ausgangspunkt war eine sehr alltägliche Beobachtung, die jedoch auf sämtliche Arten zutrifft. Grundsätzlich werden mehr Nachkommen in die Welt gesetzt, als es rein rechnerisch zur Erhaltung des Bestandes nötig wäre. Ein einziges Heringsweibchen zum Beispiel legt in seinem zwanzigjährigen Leben an die 500000 Eier. Das sind 500000 potentielle Nachkommen. Wenn sie alle durchkämen und ihrerseits Eier legten, und dies so weiterginge, dann wären die Folgen katastrophal: Binnen weniger Jahre wären die Weltmeere mit Heringen verstopft.

Die derzeitige Entwicklung läuft bekanntlich eher auf das Gegenteil hinaus. Der Heringsbestand schwindet trotz des gewaltigen Nachkommenüberschusses. Das bedeutet, daß von den 500000 Heringskindern im Durchschnitt weniger als jene zwei durchkommen, die nötig wären, um

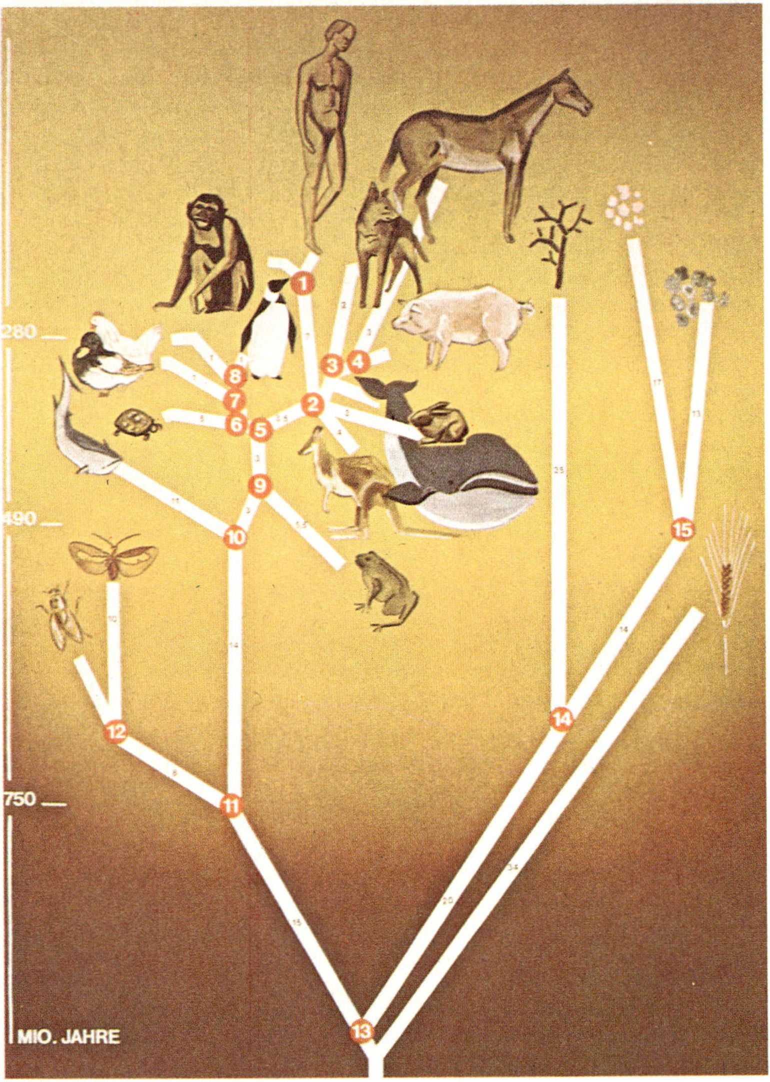

46 Stammbaum aufgrund chemischer Ähnlichkeit eines bestimmten Enzyms. Vor etwa 1 Milliarde Jahren zweigten sich die Gräser und Pflanzen ab, vor ungefähr 700 Millionen Jahren die Insekten, und vor rund 280 Millionen Jahren entstand die Linie der Säugetiere.

das Elternpaar zu ersetzen. Alle anderen gehen zugrunde, bevor sie das geschlechtsreife Alter erreichen.

Als weiteres Beispiel, weil es sich gewissermaßen vor unseren Augen abspielt, seien unsere Gartenvögel genannt. Ein Rotkehlchenpaar etwa brütet, wie fast alle Singvögel, zweimal im Jahr, und jedesmal schlüpfen etwa fünf Junge. Das sind im Jahr zehn junge Rotkehlchen. Im Laufe seines Lebens von durchschnittlich drei Jahren hat das Pärchen also rund 30 Nachkommen in die Welt gesetzt. Und trotzdem bleibt die Zahl der Rotkehlchen im großen ganzen konstant! Im Klartext: Von 30 Rotkehlchen sterben 28 vorzeitig – nur zwei überleben und treten an die Stelle des Elternpaars. Aber welche Rotkehlchen überleben, und welche kommen um? Das war für Darwin die entscheidende Frage.

Er nahm an, daß unter den Nachkommen rein zufällig geringe erbliche Unterschiede aufträten. Eines der Jungen etwa ist flugtüchtiger, oder genügsamer im Futterverbrauch, oder mit einem kräftigeren Schnabel ausgestattet. Andere wiederum sind kurzsichtig, lassen es an Wachsamkeit fehlen oder haben ein zu dünnes Federkleid.

Warum solche Abweichungen – die Biologen nennen sie Mutationen – auftreten und wie sie zustande kommen, war für Darwin noch unerklärbar. Er nahm es einfach als Erfahrungstatsache hin. Uns fällt das Verständnis in diesem Punkt leichter. Wir wissen heute, daß Mutationen auf einer lokalen Änderung des DNS-Aufbaus beruhen, wie sie beispielsweise durch radioaktive Strahlung oder bestimmte chemische Substanzen verursacht wird. Mutationen bedeuten also nichts anderes als eine Abwandlung des Erbgutes. Und damit ist unmittelbar klar, warum so erworbene Eigenschaften zwangsläufig vererbbar sind.

Seine Fähigkeiten an die Nachkommen zu vererben, setzt aber schlechterdings voraus, daß man überlebt – daß man, um beim Beispiel zu bleiben, nicht zu den 28 überzähligen Rotkehlchen, sondern zu den zwei überlebenden gehört. Und die Chance hierfür steigt, so Darwins Grundidee, wenn man eine vorteilhafte Mutation mitbekommen hat – vorteilhaft in dem Sinne, daß man angepaßter ist an die Erfordernisse und Bedingungen der Umwelt, in der man lebt. Eine bessere Tarnfarbe beispielsweise, ein ausgeprägterer Fluchtinstinkt oder eine sparsamere Flugtechnik.

Zwangsläufig setzen sich so im Laufe vieler Generationen die Eigenschaften durch, die eine optimale Anpassung an den jeweiligen Lebensraum bedeuten. Allein auf Grund von Mutationen, die ein breites Angebot variierender Merkmale unter den Nachkommen bereitstellen, und der anschließenden Auswahl durch die Umwelt – allein durch Mutation und Selektion erklärte Darwin den Ablauf der Evolution.

Gewiß, in einigen Punkten ist dieses Bild heute verfeinert – man kennt eine Reihe »flankierender Maßnahmen« der Natur, um Erbmerkmale schneller zu verbreiten und zu durchmischen. Aber Darwins Grundkonzept wurde davon nicht berührt. Im Gegenteil: Wo immer Biologen eine

Möglichkeit zum Test fanden, wurde es vollauf bestätigt. Darwins Theorie ist längst zu einem biologischen Grundgesetz geworden. Vergleichbar etwa mit dem Satz der Energieerhaltung in der Physik.

Evolution kontra Schöpfung

Was Darwins Theorie so aufregend oder gar ärgerlich machte, war ihre umfassende Gültigkeit. Nicht nur, daß sie Entstehung und Gesetzmäßigkeiten der uns umgebenden Organismenwelt beschreibt, sie bezieht uns selber mit ein und macht uns zu einem Teil dieser Welt: Nur eine endliche Zahl ausgelesener Mutationen trennt uns von den übrigen Organismen. Der Anspruch auf einen einmaligen überragenden Schöpfungsakt, der uns a priori über alles andere Leben erhöbe, ist nicht aufrechtzuerhalten. Der Mensch entstand nach denselben natürlichen Gesetzmäßigkeiten wie eine Amöbe oder Amsel.

Zweifellos ist dies eine Erkenntnis, die nicht nur der biblischen Genesis, sondern sämtlichen überlieferten Schöpfungsberichten zuwiderläuft – soweit man diese als konkrete Sachberichte über die Erschaffung der Welt und ihrer Bewohner interpretiert. Ist dadurch der Gedanke göttlicher Schöpfung hinfällig geworden? Hat uns Darwin vor die Alternative »Gott oder Evolution« gestellt? Und müßte dies nicht für einen naturwissenschaftlich denkenden und zugleich gläubigen Menschen zu intellektueller Schizophrenie führen?

Die heutige christliche Theologie, gleich welcher Konfession, hat diesen Gegensatz hinter sich gelassen. Es ist nichts Außergewöhnliches mehr, wenn Theologen zugleich Fachbiologen und überzeugte Darwinisten sind. »Gott ist kein Handwerker« – so Christian Kummer, Biologe und Jesuitenpater –, »der in der Schöpfung etwas macht, sondern er macht, daß die Dinge sich selber machen. Er ist nicht Glied einer Wirkursachenkette, sondern er ist die Voraussetzung dieser Kette.«

Nicht diesen oder jenen wunderbaren Organismus also, nicht diese oder jene »dunkle Stelle« in der Evolution, sondern die Evolution insgesamt einschließlich ihrer Gesetzmäßigkeiten versteht die heutige Theologie als Ausdruck göttlicher Schöpfung. Und daß die Evolution schließlich zu Wesen mit Bewußtsein führte, deren Verstand sogar in der Lage ist, die eigene Herkunft rational zu begreifen – dies mag der eine als das biblische »und Gott schuf den Menschen« verstehen, der andere einfach als Tatbestand hinnehmen. Auf jeden Fall aber hieße es, eben diesen Verstand nur bruchstückhaft einzusetzen, wenn man daraus die Unmöglichkeit göttlicher Schöpfung ableiten wollte.

Nicht zu trennen vom Darwinismus ist der Begriff vom Kampf ums Dasein. Damit ist jene Auseinandersetzung gemeint, die zur Vernichtung des weitaus größten Teils aller Nachkommen führt und nur wenigen das Dasein gestattet. Es ist, vom Resultat her gesehen, wirklich ein unbarmherziger Kampf auf Leben und Tod. Ein Kampf mit den Tücken und Härten der Umwelt, ein Kampf zwischen verschiedenen Arten oder auch zwischen Individuen der gleichen Art.

Hier setzt das Unbehagen vieler ein, läßt den Kampf ums Dasein zu einem Horrorbegriff werden. Wenn es nur natürlich ist, daß sich der Stärkere durchsetzt, daß der Tüchtigere überlebt, und wenn dies seit Jahrmilliarden der einzige erfolgreiche Weg zur Entfaltung und Höherentwicklung des Lebens war, muß man dann nicht auch für den Menschen Ähnliches gelten lassen? Das Recht des Stärkeren? Unterdrükkung? Krieg? Abgestützt durch die Naturgesetzlichkeit eines Kampfes, dem schließlich wir selber unser Dasein verdanken?

Allzuweit hergeholt sind diese Befürchtungen nicht. Die Nationalsozialisten haben Darwinismus in der Tat so ausgelegt. Hitler selbst beruft sich auf die Natur, wenn er in ›Mein Kampf‹ schreibt: »Die völkische Weltanschauung ... glaubt somit keineswegs an eine Gleichheit der Rassen, sondern erkennt mit ihrer Verschiedenheit auch ihren höheren oder minderen Wert und fühlt sich durch diese Erkenntnis verpflichtet, gemäß dem ewigen Wollen, das dieses Universum beherrscht, den Sieg des Besseren, Stärkeren zu fördern, die Unterordnung des Schlechteren und Schwächeren zu verlangen. Sie huldigt damit prinzipiell dem aristokratischen Grundgedanken der Natur und glaubt an die Geltung dieses Gesetzes bis herab zum letzten Einzelwesen.« Und in einer ideologischen Schrift der NSDAP heißt es noch deutlicher: »Das allgemeinste, unerbittlichste Gesetz des Lebens ist nun Kampf um sein Dasein und seine Entfaltung, Kampf der Rassen um ihren Lebensraum, das heißt auch auf die Völker bezogen, mit der Natur und, wenn es sein muß, mit anderen Völkern, die der eigenen völkischen Lebensentfaltung entgegen stehen.« Sowohl die Ausrottung der Juden versuchten die Nazis fadenscheinig auf diese biologistische Weise zu begründen, wie auch den Wahnsinn des Krieges.

Dabei ist gerade der Krieg, das kollektive Umbringen und Ausrotten von Mitgliedern der eigenen Art, ein Phänomen, das einzig dem Menschen vorbehalten zu sein scheint. Für diese Perversion der Auseinandersetzung stellt die Natur kein Vorbild. Und schon gar nicht kann der Darwinismus zur Rechtfertigung herhalten. Es gibt zwar Parallelen in der menschlichen Gesellschaft, aber sie laufen nicht auf Morden und Töten hinaus. Sie belegen im Gegenteil, wie wenig verletzend und geradezu unkämpferisch die Mittel im Kampf ums Dasein ausfallen können. Als Beispiel: die Entwicklung des Automobils in den letzten 150 Jahren.

Unser Auto stammt zweifellos von den Kutschen des vorigen Jahrhunderts ab. Seine Höherentwicklung zum heutigen Pkw sei an sechs herausgegriffenen Modellen illustriert (Abb. 47, 48). Ausgang ist ein eleganter vierspänniger Landauer mit Verdeck, vorn der Bock für den Kutscher, hinten ein kleiner Sitz für den Lakaien, den Diener des Herrn.

Das nächste Modell – wir könnten in unserem Zusammenhang auch sagen: die nächste erfolgreiche Mutation – kommt ohne Pferd aus. Statt dessen ist hinten eine Dampfmaschine angebracht. Ansonsten aber bleibt die Kutschenform unverändert.

Die nächste Variante, die sich durchsetzt, ist nur zur hinteren Hälfte noch kutschenähnlich. Das Vorderteil besteht aus einer Dampfmaschine, die vom »Chauffeur« (zu deutsch: Heizer) beheizt und gesteuert wird. Der nächste Entwicklungsschritt führt schon auf die typische Autoform, aber ganz unverkennbar bleibt der einstige Lakaiensitz als kleiner Notsitz erhalten.

Auch das nachfolgende Modell, obwohl schon ganz Auto, zeigt noch atavistische Reste aus der Kutschenzeit: die Trittbretter. Ein völlig überflüssig gewordenes »Organ«, dem keine Forderung der Umwelt entspricht.

Und schließlich ein modernes Auto, das auch in dieser Hinsicht angepaßter ist: Die Trittbretter sind zugunsten eines vergrößerten Innenraums verschwunden.

Auffallend an dieser Entwicklung ist zunächst einmal die Tatsache, daß sie sich ähnlich vollzog wie im biologischen Bereich: Die Art der Transportfahrzeuge wandelte sich in kleinen Schritten, vergleichbar den Mutationen, und behielt viele überflüssige Organe bei, die erst nach und nach durch weitere »Erbsprünge« abgebaut wurden. Auch dort also, wo wir meinen, ein solches technisches Produkt frei schöpfend zu entwerfen und zu planen, sind wir unbewußt den Gesetzen der Evolution verpflichtet. Unser Gehirn arbeitet, so könnte man sagen, nach den gleichen Regeln, nach denen es selbst entstanden ist.

Aber worauf es hier mehr ankommt, ist folgendes: Auch bei dieser Auto-Evolution kam die Höherentwicklung durch Kampf ums Dasein zustande. Ganz konkret durch den Kampf um die Gunst der Käufer, die durch ihre Wahl einem Modell zum Überleben verhalfen. Nur die Modelle konnten bestehen, die den Erfordernissen der Umwelt, das heißt den Erwartungen der Käufer, am ehesten gerecht wurden. Nur sie konnten sich gegenüber ihren Konkurrenten am Markt durchsetzen.

Bezeichnend dabei ist, daß sich dieser Kampf natürlich nicht als Crash abspielte, nicht dadurch, daß ein Nachfolgemodell seinen Vorläufer in den Straßengraben geboxt hätte. Lautlos und berührungsfrei wurden die guten Modelle durch die besseren verdrängt, die weniger angepaßten durch die angepaßteren.

47, 48 Das Automobil entwickelte sich in kleinen Schritten – vergleichbar den Mutationen – von der Pferdekutsche zum heutigen PKW. Auch diese Entwicklung war durch Kampf ums Dasein gekennzeichnet. Das am besten an die Bedürfnisse angepaßte Modell setzte sich durch.

Dasselbe gilt für die Entwicklung des Segelschiffs zum Motorschiff. Nicht auf einmal, sondern Schritt für Schritt wurden die Segel durch Dampfmaschinen ersetzt, die Masten durch Schornsteine. Heute sind die großen Segelschiffe bis auf ein paar »lebende Fossilien« praktisch ausgestorben – ausgerottet vom Motorschiff, das Sieger blieb im Kampf ums Dasein. Aber wiederum nicht, indem es die Segelschiffe gerammt oder versenkt hätte, sondern weil es die vorteilhafteren Eigenschaften aufwies und von der Umwelt begünstigt wurde.

Ohne Zähne und Klauen

Ähnlich distanziert, ohne direkte Kampfhandlung zwischen Sieger und Verlierer, spielt sich in der Regel auch der biologische Kampf ums Dasein ab. Oder, wie Darwin selbst es ausdrückte: »Der Kampf ums Dasein ist in den seltensten Fällen ein Kampf mit Zähnen und Klauen.«

Als klassisches Beispiel, auf das schon Konrad Lorenz hinwies, kann die Ausrottung des australischen Beutelwolfes durch den Dingo gelten. Der Dingo, der im Gefolge der menschlichen Einwanderer als Haushund nach Australien kam und dort verwilderte, hat das alteingesessene Beutelraubtier bis auf einen Restbestand in Tasmanien verdrängt. Und dies, obwohl der Raubbeutler mit Sicherheit der Kampfesstärkere und Wehrhaftere ist und jeden Zweikampf für sich entschieden hätte.

Aber dazu kam es gar nicht. Denn der Dingo war – als das modernere Säugetier – auch der geschicktere und raffiniertere Jäger. Er räumte sozusagen den Tisch ab, bevor die einheimische Konkurrenz sich bedienen konnte. Für die Raubbeutler wurde die Nahrungssuche immer aufwendiger und beschwerlicher, bis sie schließlich nicht mehr in der Lage waren, genügend Nachkommen großzuziehen, um ihre Art zu erhalten.

Auch hier also bedeutet Kampf ums Dasein nicht gegenseitiges Umbringen, sondern Konkurrenz in einer gemeinsamen Umwelt. Und wer mit den Gegebenheiten dieser Umwelt besser fertig wird, wer der Angepaßtere ist, bleibt Sieger. Dies gilt erst recht, wenn sich der Kampf ums Dasein zwischen Mitgliedern der gleichen Art abspielt.

Hierzu die Geschichte zweier Wiesel, deren Revier diesseits und jenseits eines Flusses liegt. Beide haben nichts miteinander zu tun, und trotzdem stehen sie in einem gegenseitigen Kampf ums Dasein. Das eine Tier nämlich ist scheu und vorsichtig, sichert nach allen Seiten, bevor es sich aus seiner Deckung begibt. Das andere dagegen verläßt unbekümmert seinen Schlupfwinkel, ohne sich um drohende Gefahren zu sorgen. Die Folgen bleiben nicht aus: Der über dem Tal kreisende Raubvogel sucht sich die leichtere Beute aus und stürzt sich auf das unvorsichtige Wiesel. Jetzt kommt es tatsächlich zum Kampf: Wiesel gegen Raubvogel. Aber der eigentliche Kampf ums Dasein im Sinne Darwins wurde gar nicht unter diesen ungleichen Gegnern ausgetragen, sondern unter den beiden Wieseln. Eigentlicher Sieger ist das vorsichtige Wiesel, das überhaupt nicht attackiert wurde und das weder von seinem Kampf noch von seinem Sieg etwas bemerkt hat.

Mit direkter Konfrontation also hat das, was Darwin unter Kampf ums Dasein verstand, nur selten etwas gemein. Vielmehr trifft der Begriff der Konkurrenz zu. Und selbst diese wird nicht unbedingt ausgefochten, sondern dadurch umgangen, daß sich jeder in einen eigenen Lebensraum zurückzieht – in eine ökologische Nische, wo man unangefochten und ohne Wettbewerbsdruck bestehen kann. Man teilt sich sozusagen den Markt auf. Mit diesem Prinzip konnte Darwin die Entstehung der unterschiedlichen Arten erklären, ausgehend von einer Beobachtung an Finken (den später nach ihm benannten Darwin-Finken) auf den Galapagos-Inseln.

Die Finken haben sich dort auf ganz verschiedene Ernährungsweisen spezialisiert und sind so der harten Konkurrenz um Futter ausgewichen (Abb. 49):

Der Knacker-Baumfink beispielsweise ist ein reiner Pflanzenfresser und lebt hauptsächlich von Früchten und Körnern. Er hat sich hierfür den notwendig massiven Schnabel zugelegt. Oder genauer: Eine Reihe von Mutationen hat diese zum Körnerfressen ideale Schnabelform entstehen lassen.

Der Kaktus-Grundfink ist durch einen spitzeren Schnabel gekennzeichnet – entsprechend seiner Mischnahrung, die aus Beeren und Insekten besteht. Den dünnsten Schnabel besitzt der Galapagos-Sängerfink, der sich ausschließlich von kleinem Getier wie Käfern oder Würmern ernährt.

Aber selbst hierzu gibt es noch eine verblüffende Steigerung. Der Spechtfink hat sich eine für Finken kaum glaubliche »ökologische Nische« ausgesucht: Er ernährt sich von den Larven tief im Innern von Wurmlöchern. Und weil ein ausreichend langer und dünner Schnabel, wie er hierzu nötig wäre, nicht realisierbar ist – auch die Natur muß sich an Konstruktionsbedingungen halten –, hat sich der Spechtfink ein regelrechtes Werkzeug zugelegt. Er schnappt sich einen langen Kaktusstachel und stochert damit so lange im Wurmloch herum, bis die Larve herauskrabbelt.

Dem Beispiel der Galapagos-Finken entnahm Darwin, daß mit der Spezialisierung auf eine bestimmte Nahrung oder einen bestimmten Lebensraum eine Aufsplitterung in verschiedene Arten verbunden ist. Der Kampf ums Dasein, wie hier um das begrenzte Futterangebot, hat zur Ausbildung zahlreicher, unterschiedlich aussehender Finkenarten geführt.

Das gleiche Phänomen gilt für unsere einheimische Vogelwelt. So bietet eine einzige Fichte Lebensraum für mindestens sechs verschiedene Vogelarten, ohne daß sie sich gegenseitig ins Gehege kämen. Jede Art hat ihre

Galapagos - Sängerfink

Kleiner Baumfink

Kaktus - Grundfink

Knacker - Baumfink

eigene ökologische Nische gefunden: Die Amsel sucht unter dem Baum den Erdboden nach Würmern und Schnecken ab. Der Fliegenschnepper benutzt die äußeren Äste als Start- und Landeplatz, um fliegende Insekten zu fangen. Der Specht konzentriert sich auf den Stamm, wo er die Bohrgänge von Käfern und Larven aufhackt, während sich der Baumläufer mit kleinen Insekten begnügt, die außen am Stamm leben. Der Kreuzschnabel wiederum ist der gesamten Konkurrenz ausgewichen, indem er sich von Tannenzapfen ernährt – ein reiner Pflanzenfresser. Und der kleinste und leichteste von allen, das Goldhähnchen, kann sich mit seinen fünf bis sechs Gramm noch auf den äußersten Astspitzen aufhalten und sie nach Insekten absuchen.

So führt der Kampf ums Dasein eben nicht zu einigen wenigen dominierenden Arten, die alle anderen ausmerzen und vernichten würden, sondern gerade umgekehrt: zu einer Fülle unterschiedlichster Lebewesen, die sich in ihren ökologischen Nischen behaupten. Je härter der Kampf ums Dasein, je stärker und vielseitiger die Konkurrenz, desto reicher wurde die Artenfülle auf der Erde.

Es ist ohnehin fragwürdig, aus den Spielregeln der Natur Maßstäbe oder Vorbilder für gesellschaftliche Verhaltensweisen zu übernehmen. Wer aber den Darwinismus bemüht,um damit das Recht des Stärkeren und die Unterdrückung des Schwächeren als etwas Natürliches zu rechtfertigen, der hat nicht einmal den Darwinismus begriffen.

Was leistet der Zufall?

Kommen wir zum dritten Vorbehalt gegen Darwins Evolutionstheorie, der Rolle des Zufalls. Es ist in der Tat sehr schwierig, sich vorzustellen, daß alle so wunderbar zweckmäßig und sinnvoll ausgerüsteten Lebensformen ihre Entstehung dem puren Zufall verdanken. Und doch ist dies Kernpunkt des darwinistischen Konzeptes.

Das Instinktrepertoire eines Zugvogels, die Stromlinienform eines Delphins oder die Wirksamkeit unseres Immunsystems – jede so überaus zweckmäßig erscheinende Eigenschaft wurde durch eine lange Folge von Zufallsmutationen geschaffen. Deren Zweckmäßigkeit wurde zwar immer erst im nachhinein an der Überlebenschance in der Umwelt getestet und gegebenenfalls ausgewählt, aber schließlich kann nur ausgewählt werden, was im Angebot vorhanden ist. Jede Verbesserung auf dem We-

Linke Seite

49 Darwinfinken. Entsprechend ihrer Ernährungsweise sind sie mit unterschiedlichen Schnäbeln ausgerüstet. Der reine Insektenfresser besitzt den dünnsten, der reine Körnerfresser den massivsten Schnabel.

ge zu optimaler Anpassung mußte zunächst einmal als Zufallsmutation verwirklicht und zur Wahl gestellt werden. Die Frage, um die es geht: Darf man vom Zufall soviel Phantasie erwarten? Darf man annehmen, daß gerade die erforderliche erbliche Variante im Zufallsangebot enthalten ist?

Die Schwierigkeit bei solchen Überlegungen liegt in den ungeheuren Zeiträumen und der ungeheuren Zahl von Individuen, die der Evolution zur Verfügung standen. Es ist schlechterdings nicht möglich, das Milliarden Jahre währende Wechselspiel von Mutation und Selektion in allen Einzelheiten nachzuzeichnen oder gar experimentell nachzuprüfen. Und trotzdem haben die Genetiker einen Weg gefunden, Mutation und Selektion gleichsam im Zeitraffer ablaufen zu lassen und damit zu experimentieren. Ihr Trick heißt: Bakterien.

Bakterien nämlich sind in fast beliebiger Zahl zu halten – Milliarden in einem Glaskölbchen. Und sie vermehren sich geradezu beängstigend: Alle halbe Stunde entsteht eine neue Generation. Verständlich, daß Bakterien durch ihr rasantes Evolutionstempo auf engstem Raum zu den idealen Versuchskaninchen der Genetiker geworden sind. Und eben auch die Rolle des Zufalls bei der Anpassung an die Umwelt läßt sich hier eindrucksvoll demonstrieren. Es handelt sich um das berühmt-berüchtigte Phänomen der Resistenz.

Evolution im Experiment

Nachdem Alexander Fleming 1928 aus dem Schimmelpilz »Penicillium notatum« ein äußerst wirksames Bakteriengift, eben das Penizillin, gewonnen hatte, glaubten viele, das Ende der Infektionskrankheiten sei in Sicht. Denn Penizillin greift direkt die Hülle der Bakterien an und läßt ihnen keine Überlebenschance. So zumindest schien es am Anfang.

Doch bald zeigte sich, daß die Bakterien so hilflos gar nicht waren: Sie lernten es, sich an die neue lebensbedrohende Umweltsituation anzupassen; immer mehr wurden widerstandsfähig, resistent, gegen Penizillin. Dasselbe wiederholte sich, als man künstliche Antibiotika, wie Streptomycin, entwickelte. Und heute ist die Resistenz der Bakterien gegen Antibiotika bereits zu einem ernsthaften Problem geworden: In vielen Fällen können Arzt und Patient nur hoffen, daß dieses oder jenes Antibiotikum noch »greift«.

Aus der Sicht der Bakterien bedeutet dies umgekehrt natürlich einen ungeheuren Anpassungserfolg. Sie brachten es fertig, ihren Organismus so umzustellen, daß er das bislang tödliche Gift als harmlos empfindet. Nach Darwins Gesetzen aber kann eine solche neue und erbliche Fähigkeit letztlich nur durch eine zufällige Mutation entstehen. Eine zufällige Änderung des Erbguts müßte gerade die so ausgefallene, aber dringend benötigte Fähigkeit zur Resistenz zuwege bringen. Kann der Zufall dies wirklich leisten?

Die Antwort gibt ein simples Experiment des Genetikers Joshuah Lederberg. Man geht dazu von einer Nährflüssigkeit aus, in der lauter Abkömmlinge eines einzigen Bakteriums leben – etliche Milliarden. Einige verdünnte Tropfen der Flüssigkeit mit 100 bis 200 Bakterien werden auf dem Nährboden einer Petrischale verteilt. Dort wächst jedes einzelne Bakterium weiter und vermehrt sich, und nach einer Nacht im Brutschrank bei 30 Grad ist überall dort, wo ein Bakterium lag, eine nach Millionen zählende Bakterienkolonie entstanden. Wie Sommersprossen sind die Kolonien über den Nährboden verteilt (Abb. 50 links).

Als nächstes geht es darum zu prüfen, ob vielleicht eine der Kolonien zufälligerweise widerstandsfähig gegen Streptomycin ist – also aus resistenten Mutanten besteht. Die Art, wie diese Prüfung durchgeführt wird, mutet zunächst etwas umständlich und aufwendig an: Mittels eines Samtstempels überträgt man nämlich die genaue Anordnung der Kolonien, also das geometrische Punktemuster, auf eine zweite Petrischale, die aber mit Streptomycin verseucht ist. Im einzelnen geschieht das so, daß die Petrischale mit den »Sommersprossen« vorsichtig über einen Samtstempel gestülpt wird, so daß aus jeder Kolonie ein paar Bakterien an den feinen Samthärchen kleben bleiben. Stülpt man anschließend die zweite Schale über den Samtstempel, so werden diese Bakterien auf den neuen Nährboden übertragen, und zwar, darauf kommt es an, in originalgetreuer Anordnung.

Der Normalfall ist freilich, daß die Bakterien auf ihrem neuen, Streptomycin-vergifteten Nährboden absterben. Die zweite Petrischale bleibt gewöhnlich ohne eine einzige Kolonie. Ganz selten aber kommt es vor, daß trotz des Antibiotikums eine Bakterienkolonie heranwächst, die sich von dem Gift nicht im geringsten beeindrucken läßt. Mitunter sind es sogar mehrere (Abb. 50 rechts). Offensichtlich hat man es mit resistenten Exemplaren zu tun, die – so möchte man fortfahren – nur per Zufall entstanden sein können.

Aber da ist zunächst ein sehr berechtigter und gravierender Einwand anzumelden: Nach dem bisherigen Verlauf des Experiments braucht es nicht unbedingt der Zufall zu sein, der die Resistenz zustande brachte. Diese Fähigkeit könnte ebensogut erst in der Auseinandersetzung mit dem Gift entwickelt worden sein, das heißt, daß das Gift selbst die Abwehrmaßnahmen »provoziert« hätte. In ähnlicher Weise, wie spitze Kieselsteine eine Hornhaut an den Fußsohlen provozieren oder Krankheitserreger eine spezifische Immunreaktion. Liegt der Fall so, dann wäre nicht der Zufall, sondern das Streptomycin selbst für die Resistenzbildung verantwortlich zu machen.

An dieser Stelle kommt jetzt die »umständliche« Stempeltechnik des Experiments zum Tragen, sie ermöglicht eine Entscheidung. Legt man nämlich die normale und die vergiftete Petrischale nebeneinander, dann

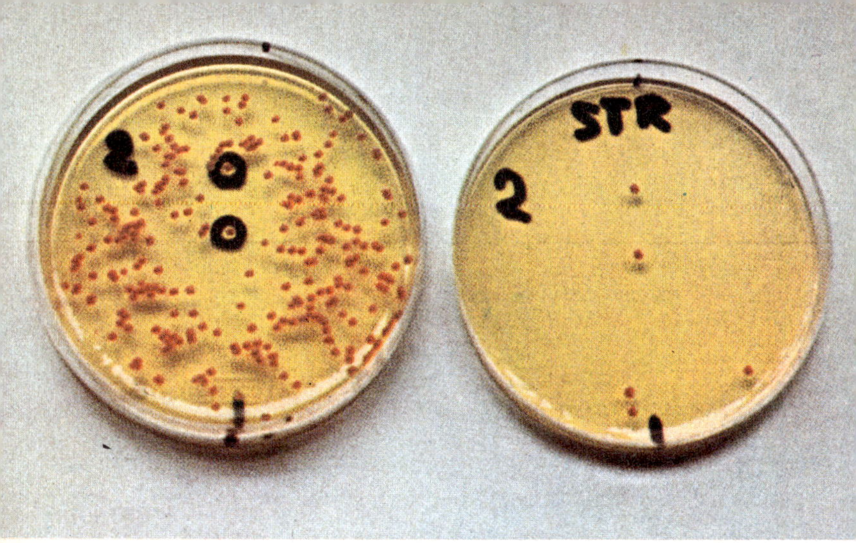

50 Links: Bakterienkolonie auf gewöhnlichem Nährboden. Rechts: Resistente Bakterien auf Streptomycin-vergiftetem Nährboden.

sieht man sofort durch einen Positionsvergleich, aus welcher Ursprungskolonie die resistenten Bakterien entstammen (schwarze Umrandung in Abb. 50 links).

Und jetzt ist nur mehr zu prüfen, ob auch die Bakterien aus der Ursprungskolonie, die mit Sicherheit in ihrem Leben noch nie mit Streptomycin in Berührung kamen, resistent gegen Streptomycin sind. Es zeigt sich, daß grundsätzlich auch diese Bakterien unempfindlich gegen das Gift sind – obwohl sie auf dem normalen Nährboden nicht das geringste mit ihrer »Begabung« anfangen können. Das ist die eindeutige Entscheidung für den Zufall.

Wahllos variiert der Zufall die bestehenden Organismen und produziert Mutanten. Solche mit anderer Farbe, anderer Größe oder anderem Stoffwechsel, und eben auch solche, die mit Gift fertig werden. Ein unglaublich reichhaltiges Angebot! Dabei ist es völlig unerheblich, ob dafür ein Bedarf besteht oder nicht: Es gab schon Streptomycin-resistente Bakterien längst, bevor es Streptomycin gab. Aber erst, wenn ihnen daraus ein Vorteil erwächst, setzen sie sich durch. Erst dann, wenn sie von der Selektion begünstigt werden, schlägt die Stunde der Mutanten. So entstehen neue Arten und neue Anpassungsformen.

Mit seiner Fähigkeit zur Anpassung konnte das Leben in den unterschiedlichsten Formen jeden Winkel der Erde erobern. Das bleibt wunderbar und staunenswert, auch wenn wir anfangen, mit unserem Verstand die Mechanismen zu durchschauen, nach denen dies alles ablief. Und vielleicht stünde es unserem Verstand nicht schlecht an, etwas von der Art und Weise zu übernehmen, mit der die Natur ihre erfolgreiche Kreativität zuwege brachte.

In der Natur sind es letztlich zwei sich logisch ausschließende Prinzipien, die phantasievollen Fortschritt und Weiterentwicklung ermöglichen. Da ist einmal das Unveränderliche, das bewahrende Prinzip in Form der exakten Verdoppelung und Weitergabe der Erbinformation. Erst so können ja die erblichen Fähigkeiten – all das, was eine Art auszeichnet und lebenstüchtig macht – an die Nachkommen weitergegeben werden. Nur so kann der genetische Besitzstand einer Art gewahrt werden.

Das andere, dem widersprechende Prinzip ist die sprunghafte Zufallsänderung, die seltene, aber unwiderrufliche Abänderung des Erbgutes. Erst dieses unstete, probierende, abwandelnde Prinzip, wie es durch die Mutationen verkörpert wird, schafft die Voraussetzung für Wandel und Entwicklung der Arten. Ohne Variationen des einmal Erreichten wäre alles beim ersten reproduktionsfähigen Organismus stehengeblieben. Und nicht einmal dies! Unfähig zur Anpassung wären solche Organismen bei der ersten ernsthaften Umweltänderung zugrunde gegangen.

Das Leben wurde erst lebensfähig, als beide Prinzipien zusammenkamen, das Beharrende und das Verändernde. Beide halten sich gegenseitig in Schranken, beide stehen in einem ausgewogenen Verhältnis. Zu viele Mutationen wären genauso schädlich wie zu große Erbkonstanz. Nur so gelangte die Natur zu jenem schöpferischen Einfallsreichtum, mit dem sie die uns umgebende Artenfülle und uns selber schuf.

Vielleicht sollte man sich dies vor Augen halten, wenn – wie so oft – ein einziges Prinzip zum alleinseligmachenden erhoben wird: eine einzige Art des Zusammenlebens, ein einziges Gedankengebäude, eine einzige Staatsform. Das unduldsame Entweder–Oder, das Denken in Ausschließlichkeiten ist nicht die einzige und schon gar nicht die erfolgreichste Art, Probleme anzugehen. Die Natur weist einen anderen Weg. Dort war es gerade das Wechselspiel sich logisch ausschließender Faktoren, was zu Kreativität, Fortschritt und Weiterentwicklung führte.

Die Sterne lügen nicht
Wurzeln astrologischen Aberglaubens

Glauben Sie, daß Ihr Leben durch die Sterne beeinflußt wird? 4,4 Millionen Bundesbürger antworteten auf diese Frage mit »Ja«, 13,6 Millionen mit »Möglicherweise«. Das sind 45 Prozent aller Erwachsenen! Keine Zeitung mag denn auch auf die Horoskopspalten verzichten. Bei Heiratsvermittlungen (»Wassermann sucht Schützin«) gehört das Tierkreiszeichen zu den Personalien wie Alter, Beruf oder Größe. Und selbst bei Einstellungsgesprächen ist die dezente Frage nach dem Sternzeichen nichts Außergewöhnliches mehr.

Trotzdem, wer sich als Astrologe für seriös hält, distanziert sich entschieden von derlei »Jahrmarkthoroskopen« und »Vulgärastrologie«. Ein brauchbares Horoskop habe schließlich mehr zu berücksichtigen als die Frage, ob der Betreffende ein Wassermann, ein Löwe oder ein Zwilling sei. Tatsächlich ist die Erstellung eines Horoskops mit einigem Fleiß verbunden. Man hat für Sonne und Mond und für jeden einzelnen Planeten die Himmelspositionen zum Zeitpunkt der Geburt nachzuschlagen und in das Horoskop einzutragen. Die eigentliche Kunst der Astrologen beginnt aber erst danach: Die Ausdeutung.

Aus der Anordnung der Himmelskörper zueinander und aus ihrer Stellung zu den Sternen des Tierkreises entnehmen die Sterndeuter fast alles. Nicht nur Charakter- und Persönlichkeitsmerkmale, sondern auch die Beziehungen zur Umwelt und den Mitmenschen. Wann etwa welches Geschäft abzuschließen sei, oder mit Krankheit gerechnet werden müsse, oder wann die Versuchung zum ehelichen Seitensprung besonders hoch sei. Und so weiter. Das reicht bis zur Wettervorhersage und zum Vaterschaftsnachweis.

Man mag dies ernst nehmen, man mag darüber die Nase rümpfen oder bloß seinen Spaß dran haben. Der Spaß freilich sollte aufhören, wenn unternehmerische Entscheidungen, von denen die Arbeitssituation anderer Menschen abhängt, aus den Sternen abgelesen werden. Oder wenn astrologische Gutachten darüber bestimmen, ob man eingestellt wird oder nicht. Tatsächlich gibt es eine Reihe von sogenannten Fachastrologen, die sich gerade auf diese aberwitzige Personalberatung spezialisiert haben. Es mangelt ihnen nicht an zahlungskräftigen Kunden. Und es mangelt ihnen nicht an Selbstbewußtsein: »Unsere astrologischen Gutachten sind allemal objektiver als jede andere Beurteilung.«

Hinter solcher Selbstsicherheit der Sterndeuter – wenn sie mehr ist als bloßes Geschäftsgebaren – steht der feste und naive Glaube an eine Entsprechung zwischen dem Lauf der Gestirne und den Geschehnissen auf der Erde: Wie oben – so unten! Diese Losung stammt freilich aus vorwissenschaftlicher Zeit, als die Natur der Himmelskörper und ihre Bewegungsgesetze noch unbekannt waren. Vor knapp 2000 Jahren verfaßte der Grieche Ptolemäus sein astrologisches Hauptwerk ›Tetrabiblos‹ – heute noch die Bibel der Astrologen. »Letztlich ist die Astrologie«, schreibt einer ihrer führenden Vertreter, »eine Lehre, deren Grundthesen sich im Gegensatz zu allen anderen Wissenschaften im Laufe der Jahrtausende nie geändert haben. Das erkennen selbst die Gegner an«.

Gewiß, aber man male sich einmal aus, die heutige Medizin würde sich an die Werke eines Hippokrates halten, oder die Physik an die Auffassungen eines Aristoteles. Gleichwohl beanspruchen die Astrologen für ihre Kunst den Rang einer wissenschaftlichen Disziplin mit reproduzierbaren und nachprüfbaren Gesetzmäßigkeiten. Dann aber müssen sie sich auch Einwände von Biologen, Medizinern, Astronomen oder Physikern gefallen lassen.

Der Augenblick der Geburt

Bei allen Unterschieden der diversen astrologischen Schulen, in einem Punkt sind sie sich sämtlich einig. Entscheidend für das Horoskop eines Menschen und damit für sein Schicksal sei der Augenblick der Geburt. Aus einem Handbuch der Astrologie: »Diese Eingliederung in kosmische Gesetzmäßigkeiten nimmt ihren Anfang mit dem ersten Schrei nach der Geburt ... Es handelt sich in der Tat um eine Prägung.« Der erste Atemzug oder Schrei also ist für die Astrologen der Augenblick, wo »kosmische Spannungsverhältnisse« oder »kosmische Konstellationen« die individuellen Wesensmerkmale eines Menschen formen.

Wie immer das vor sich gehen soll, diese Auffassung ignoriert alles, was Humanbiologie und Genetik in den vergangenen 100 Jahren erarbeitet haben. Es gibt nicht den geringsten Zweifel – und jeder Schüler weiß das schon –, daß die menschlichen Erbanlagen nicht im Augenblick der Geburt entstehen, sondern rund neun Monate früher. Entscheidend ist jener Augenblick, wo Eizelle und Samenzelle miteinander verschmelzen und sich mütterliche und väterliche Chromosomen neu kombinieren. Dadurch werden Merkmale festgelegt wie Geschlecht, Aussehen oder Größe, aber auch Grundzüge des Temperaments, spezielle Begabungen oder Anfälligkeit für bestimmte Krankheiten. Zum Zeitpunkt der Geburt ist daran nichts mehr zu ändern – weder durch Sonne, Mond und Sterne noch durch »kosmische Spannungen«.

Die Frage drängt sich auf, warum die Astrologie dennoch auf dem Augenblick der Geburt beharrt und nicht längst auf den Empfängnistermin ausgewichen ist. Aber der Zeitpunkt der Verschmelzung von Ei- und Samenzelle ist praktisch nicht bestimmbar. Auch das Rückrechnen um neun Monate bringt eine Unsicherheit von plus minus drei Wochen. An was sonst, wenn nicht an den Geburtstermin, könnte sich der Zugriff der

Astrologen halten? Damit handeln sie sich freilich nicht nur den Vorwurf wissenschaftlicher Ignoranz ein, sondern geraten schon durch eine alltägliche Beobachtung in arge Bedrängnis. Gemeint ist das Phänomen eineiiger und zweieiiger Zwillinge.

Probleme mit Zwillingen

Niemand wird bestreiten, auch Astrologen nicht, daß eineiige Zwillinge meist weitreichende Ähnlichkeiten aufweisen – nicht nur im Aussehen, sondern auch in ihrem Charakter- und Persönlichkeitsbild. Gemeinsame Interessen, gemeinsame Krankheiten oder gar Unfälle sind nicht selten. Für den Genetiker ist dies die Folge des völlig gleichen Erbguts eineiiger Zwillinge, für den Astrologen die Folge des gleichen oder fast gleichen Geburtstermins. Bis hierher kein Problem.

Ganz anders aber sieht der Fall bei zweieiigen Zwillingen aus. Solche Zwillinge entstammen aus zwei verschiedenen, gleichzeitig befruchteten Eizellen und besitzen demnach ganz verschiedenes Erbgut – so unterschiedlich wie bei zwei Geschwistern. Und so unterschiedlich entwickeln sich diese Zwillinge auch. Sie können verschiedenen Geschlechts sein, sich dazu in Charakter und Neigungen völlig widersprechen. Insgesamt gibt es nicht mehr Ähnlichkeit als ohnehin »in der Familie liegt«. Was aber den Geburtstermin betrifft: Auch diese Zwillinge kommen fast zur gleichen Zeit auf die Welt. Astrologisch gesehen dürfte es also keinen Unterschied zwischen eineiigen und zweieiigen Zwillingen geben. Daß er besteht, ist offensichtlich.

Wie die Astrologie mit diesem Widerspruch fertig wird, ist wiederum dem Handbuch der Astrologie zu entnehmen: »Höchstens eineiige Zwillinge besitzen annähernd gleiche Geburtsdaten. Bei zweieiigen Zwillingen können sich Stundendifferenzen ergeben.« Hier wird also gleichsam als Tatsache vermerkt, daß zweieiige Zwillinge in größerem Abstand nacheinander zur Welt kämen, und damit ihre geringere Ähnlichkeit begründet. »Das ist absoluter Blödsinn«, kommentiert ein Hamburger Gynäkologe und Geburtshelfer. »Hier spielen ganz andere Faktoren eine Rolle: Die Erholung der Gebärmutter etwa nach Austreibung des ersten Zwillings, Größe und Lage der Zwillinge und natürlich auch die geburtshilflichen Maßnahmen. Erfahrungsgemäß sehen wir überhaupt keinen Unterschied im Geburtsabstand, ob es sich nun um eineiige oder zweieiige Zwillinge handelt.« Frage an die Astrologen: Wie denn ist aus dem Horoskop die so viel größere Ähnlichkeit eineiiger Zwillinge zu erklären?

Löwe statt Jungfrau

Zu den Einwänden von seiten der Medizin und Biologie kommen diejenigen der Astronomie hinzu. Denn obwohl die Sterndeuter von kosmischen Situationen leben, scheinen sie diese nur ungenügend erfaßt zu haben. Die Erde führt bekanntlich zwei Hauptbewegungen durch: Sie rotiert wie ein Kreisel um ihre Nord-Süd-Achse, was wir als tägliche Drehung des Himmelsgewölbes wahrnehmen. Und sie umrundet jährlich die Sonne, was sich, von der Erde aus gesehen, als eine jährliche Wanderung der Sonne durch den Fixsternhimmel darstellt. Diese Sonnenbahn, die sogenannte Ekliptik, führt durch zwölf Sternbilder: Widder, Stier, Zwillinge usw., die man insgesamt als Tierkreis zusammenfaßt.

Schon den antiken Sternbeobachtern und Astrologen war diese Wanderung der Sonne geläufig, und hierauf gründeten sie ihre Kunst. Das Sternbild nämlich, in dem sich die Sonne zur Zeit der Geburt aufhalte, präge – kraft seiner Symbolbedeutung – Wesen und Charakter des Neugeborenen. Steht die Sonne etwa in der Waage, so soll der Mensch die Fähigkeit zur Vermittlung und zum Ausgleich mitbekommen, aber auch innerlich soll er ausgewogen sein. Steht die Sonne im Löwen, so soll er sich durch Ichbewußtsein, Herrschsucht, Ehrgeiz auszeichnen. Wieweit solche Typisierungen zutreffen, darüber gleich mehr. Hier zunächst der Einwand von astronomischer Seite.

Seit der »Erfindung« der Astrologie haben sich die Verhältnisse am Himmel erheblich geändert. Wer heute als Wassermann zur Welt kommt, hat die Sonne gar nicht im Sternbild Wassermann. Sie steht im Sternbild Steinbock. Und wer als Jungfrau geboren wird, dessen Sternbild ist in Wirklichkeit der Löwe. Insgesamt hat sich die Wanderung der Sonne durch den Tierkreis um ein Sternbild verschoben:

Datum	Tierkreiszeichen	Tatsächliches Sternbild
22. 12. – 20. 1.	Steinbock	Schütze
21. 1. – 19. 2.	Wassermann	Steinbock
20. 2. – 20. 3.	Fische	Wassermann
21. 3. – 20. 4.	Widder	Fische
21. 4. – 20. 5.	Stier	Widder
21. 5. – 21. 6.	Zwillinge	Stier
22. 6. – 22. 7.	Krebs	Zwillinge
23. 7. – 23. 8.	Löwe	Krebs
24. 8. – 23. 9.	Jungfrau	Löwe
24. 9. – 23. 10.	Waage	Jungfrau
24. 10. – 22. 11.	Skorpion	Waage
23. 11. – 21. 12.	Schütze	Skorpion

Der Grund für diese Verschiebung liegt in der sogenannten Präzession der Erdachse. Die Neigung der Erdachse bleibt nicht streng raumfest, sondern schwankt sehr langsam in einem Rhythmus von 26000 Jahren. Mit der Neigung der Erdachse aber ändert sich auch der Einsatz der Jahreszeiten. In anderen Worten: Wenn heute der Frühling beginnt (Tagundnachtgleiche), dann befindet sich die Erde auf ihrer Bahn an einer völlig anderen Stelle, und damit auch in einer völlig anderen »kosmischen Situation«, als zu Frühlingsbeginn vor 2000 Jahren. Und dies zeigt sich, von der Erde aus gesehen, eben darin, daß die Sonne an einer anderen Stelle im Tierkreis steht.

Doch die Astrologen rührt dies wenig: Seit über 2000 Jahren beginnt für sie mit Frühlingsanfang der »Widder« – auch wenn die Sonne erst in den »Fischen« steht. Und der Hinweis, daß die Sternbilder nicht mehr stimmen, ist für sie ein »Argument aus der Mottenkiste«. Denn – so etwa lautet ihre Argumentation – »Sternbilder haben mit Astrologie nicht das Geringste zu tun. Wir gehen nur mit Tierkreiszeichen um. Der Tierkreis wird, mit Frühlingsanfang beginnend, in zwölf gleiche Abschnitte unterteilt, und den ersten Abschnitt nennen wir Widder, den zweiten Stier und so weiter, und diese zwölf Tierkreiszeichen haben mit den zwölf Sternbildern gleichen Namens nichts zu tun – lediglich vor 2000 Jahren fielen sie mehr oder weniger zusammen.«

Die Argumentation ist scheinbar schlüssig. Wenn Sternbilder keine Rolle mehr spielen, wird auch ihre Verschiebung belanglos. Doch eben dies ist ein Trugschluß. Auch wenn man die Sternbilder ganz beiseite läßt und sich nur auf die Tierkreiszeichen stützt – die Präzession ist damit nicht aus der Welt. Sie wird nur kaschiert, indem man zwei völlig verschiedene astronomische Situationen mit demselben Namen belegt. »Sonne im Tierkreiszeichen Widder« kennzeichnet heute eine gänzlich andere kosmische Konstellation (die Erde durchläuft ein anderes Bahnsegment) als zu Zeiten des Ptolemäus. Ein Unterschied, der gerade für die Astrologen entscheidend sein sollte! Doch beharren sie seit 2000 Jahren auf der gleichen Symbolbedeutung des Tierkreiszeichens Widder: Impulsivität, Bewegungsdrang, aktives Handeln. Und dies, obwohl überhaupt keine Beziehung zum Sternbild Widder vorhanden sein soll!

Wie herrschsüchtig ist der »Löwe«?

Sehen wir aber von allen astronomischen Ungereimtheiten einmal ab, ist an der Charakterisierung nach Tierkreiszeichen nicht doch »etwas dran«? Ist Mussolini nicht ein typischer Löwe? Oder Heinrich Lübke ein typischer Waage-Mensch? Jeder wird eine Reihe von Menschen kennen, die durch ihr Tierkreiszeichen treffend beschrieben werden. Aber nicht minder zahlreich sind die Gegenbeispiele. Auch der umständlich-sanfte Hans

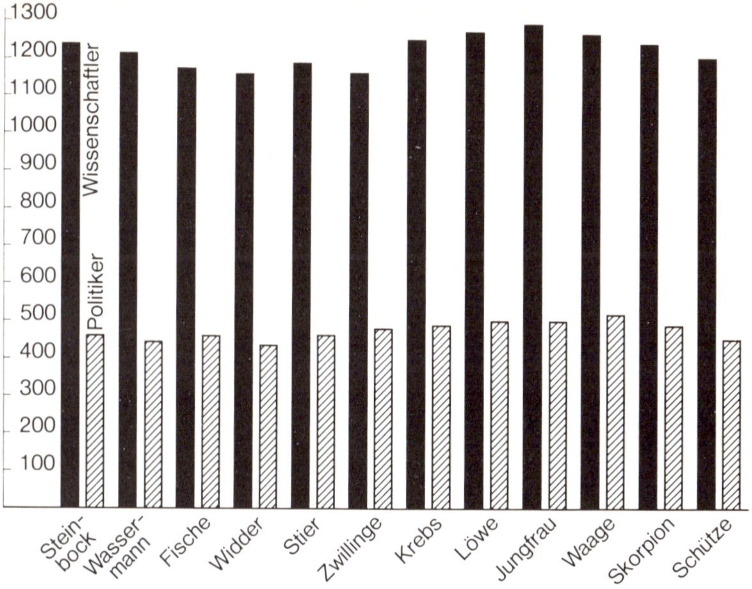

51 Statistischer Test. Weder Politiker noch Wissenschaftler werden bevorzugt in bestimmten Tierkreiszeichen geboren.

Moser war ein Löwe, und auch Heinrich Himmler ist wie Heinrich Lübke oder Papst Paul VI. in der Waage geboren. Man muß sich fragen, welchen Sinn die Charakterisierung durch Tierkreiszeichen haben soll, wenn sie derartige Extreme einschließt. Das letzte Wort in diesem Zusammenhang muß indes der Statistik zufallen. Es wäre ja denkbar, daß die Typologie der Tierkreiszeichen zwar nicht immer, aber doch in der Mehrzahl der Fälle zuträfe. Ein diesbezüglicher statistischer Test ist nicht einmal sehr aufwendig. Man nehme irgendeine herausragende Personengruppe eines Landes – alle Wissenschaftler etwa oder alle Politiker – und sehe nach, ob sich deren Geburtstermine in einem oder mehreren Sternbildern häufen. Skorpion soll ja bevorzugt ein Forscherzeichen sein oder Waage ein typisches Diplomatenzeichen.

Erst kürzlich hat der Amerikaner John McGervey einen derartigen Test unternommen und aus dem ›Who's who?‹ und anderen Nachschlagewerken die Geburtsdaten amerikanischer Wissenschaftler und Politiker zusammengestellt. Das Ergebnis ist in Abbildung 51 wiedergegeben. Auf den ersten Blick scheinen sich die Wissenschaftlergeburten (lange Balken) tatsächlich nicht gleichmäßig zu verteilen, sondern sich in Löwe, Jungfrau und Waage zu häufen. Aber für die Astrologie spricht das dennoch nicht, denn auch die Politiker (schraffierte Balken) häufen sich in dieser

Zeit. Und jeder andere Berufsstand ebenso. Es ist nämlich exakt die Schwankung der gesamten Geburtenzahl, die hier zum Ausdruck kommt. Im Spätsommer und Herbst wurden überhaupt mehr Kinder geboren und deshalb auch mehr Wissenschaftler und Politiker. Resümee: Kein Einfluß des Tierkreiszeichens nachweisbar!

Astrologisch Geschulte werden einwerfen, das Tierkreiszeichen sei nicht allein bestimmend für Charakter und Begabung, es käme anderes hinzu, etwa die mäßigenden oder verstärkenden Einflüsse der Planeten und des Mondes. Das mag so sein oder nicht. Jedenfalls wird kein Astrologe behaupten, die Tierkreiszeichen seien absolut belanglos. Nichts anderes aber belegt der genannte Test.

Nomen est omen

Die Belanglosigkeit der Tierkreiszeichen wird vollends offensichtlich, wenn man sich vor Augen hält, wie sie ihre Namen und Symbolbedeutung erhielten. Kennzeichnend dafür ist ein Mechanismus, den die Psychologen »Projektion und Rückprojektion« nennen. Damit ist folgendes gemeint:

Als die Menschen anfingen, den Himmel zu beobachten und sich für Sternbewegungen zu interessieren, mußten sie zunächst eine gewisse Ordnung in das unüberschaubare Lichtermeer bringen. Man faßte besonders prägnante Sterngruppen zu Bildern zusammen und benannte sie entsprechend. Man projizierte gewissermaßen Bekanntes an den Himmel: Zwillinge, wenn sich die Sterngruppe durch ein auffälliges Sternenpaar auszeichnete; eine Waage, wenn sich darin die typische Kontur einer Balkenwaage erblicken ließ; oder einen Löwen, wenn die Sternanordnung die Phantasie in diese Richtung lenkte. Überwiegend waren es Tiere, die man so an den Himmel projizierte. Die Sonnenbahn wurde zum Tierkreis.

Die Rückprojektion setzte ein, als man nach einer Beziehung zwischen Oben und Unten suchte. Die Namen verselbständigten sich. Ungeachtet dessen, daß sie der menschlichen Phantasie entsprungen waren, nahm man sie jetzt »beim Wort« und verknüpfte sie mit realen Eigenschaften. Die Sternbilder wurden zurückprojiziert auf die Erde: Wer im Sternbild der Waage geboren wurde, der sollte auch die Eigenschaften einer Waage aufweisen: ausgleichend, gerecht. In den Zwillingen Geborene sollten durch psychische Zwiespältigkeit gekennzeichnet sein, oder »Skorpione« durch furchteinflößende Ausstrahlung und zähe Leidenschaft.

Man wird kaum erwarten, daß die Astrologie diese Entstehungsgeschichte der Tierkreissymbolik akzeptiert. Es wäre das Eingeständnis, daß die Grundlage ihres Systems auf bloßem Namensfetischismus beruht. Versierte Sterndeuter stellen denn auch die Geschichte auf den

Kopf. Die Benennung der Tierkreiszeichen – so halten sie dagegen – sei erst erfolgt, nachdem man in jahrhundertelanger Beobachtung und Forschung ihre Beziehungen zum menschlichen Schicksal erkannt habe. Das Sternbild Waage beispielsweise sei nur so benannt worden, um das Charakterbild der unter diesem Zeichen Geborenen treffend wiederzugeben. Abgesehen davon, daß es für diese Argumentation keinerlei historische Anhaltspunkte gibt, wurde sie durch niemand schlagender ad absurdum geführt als durch die Astrologen selbst. Denn noch in der Neuzeit bedienten sie sich, nicht anders als vor Jahrtausenden, ganz ungeniert der Projektion und Rückprojektion zur vermeintlichen Erkenntnismehrung. Oder deutlicher: Die Astrologen haben dem Namensfetischismus bis heute nicht abgeschworen. Als Beispiele stehen die drei Planeten Uranus, Neptun, Pluto.

Neptun und das Wasser

Seit eh und je gelten die Planeten als wesentliche Faktoren eines Horoskops. Denn wie Sonne und Mond durchlaufen sie ebenfalls den Tierkreis (eine Folge, daß Mondbahn, Planetenbahnen und Erdbahn etwa in derselben Ebene liegen). Darüber hinaus ergänzte sich die Anzahl der fünf von alters her bekannten Planeten Merkur, Venus, Mars, Jupiter und Saturn mit Sonne und Mond zur heiligen Zahl Sieben – was Sterngläubige als Beleg für die Geschlossenheit und Wahrhaftigkeit des astrologischen Lehrgebäudes ansahen. Bis zum Jahre 1781.

In diesem Jahr entdeckte der britische Astronom William Herschel einen weiteren Planeten. Viele Astronomen plädierten dafür, den neugefundenen Himmelskörper nach seinem Entdecker zu benennen. Aber schließlich entschied man sich doch, die bisherige Tradition fortzusetzen und dem neuen Wandelstern, im Einklang mit den anderen Planeten, den Namen eines griechischen Gottes zu verleihen. Man taufte ihn Uranus nach dem Gott der Naturkräfte. Und was machte die Astrologie daraus? Als der neue Planet ins Lehrgebäude »eingearbeitet« war, hatte Uranus die Herrschaft über Naturkräfte inne und kündete von Katastrophen. Nicht auszudenken, was die Astrologen mit einem Planeten namens William Herschel angefangen hätten!

Noch krasser wiederholte sich das Spiel, als 1846 der Planet Neptun gefunden wurde. Obwohl die Namensgebung nach dem griechischen Wassergott auch hier völlig willkürlich erfolgt war, ermittelten die Sterndeuter alsbald eine enge Beziehung zum Wasser: »Neptun ist nicht umsonst der Gott des Meeres; er wird viel Wasser bringen, das heißt Überschwemmungen.« So heißt es in der Prognose eines renommierten Astrologen. Daß Neptun außerdem seine größte Kraft im Zeichen der Fische entfalten soll – wen wundert's?

Auch der Planet Pluto, erst 1930 entdeckt, hat seinem Namen gerecht zu werden. Nach dem griechischen Gott der Unterwelt benannt, weist er – gemäß astrologischer Forschung – auf Erdbeben und andere Katastrophen hin. Was ist dies anderes als Namensfetischismus? Und wenn die Astrologen heute noch so vorgehen, warum wollen sie das ihren Kollegen vor Jahrtausenden nicht zugestehen?

Physikalische Einwände

Niemand wird bestreiten, daß auf die Erde Kräfte einwirken, deren Ursachen im Kosmos liegen. Man denke nur an die Strahlung der Sonne, Schwerkraft, die Gravitation des Mondes, die Höhenstrahlung oder den Sonnenwind. Etwas ganz anderes ist es freilich, solche physikalischen Wechselwirkungen für das persönliche Schicksal jedes einzelnen Erdenbürgers verantwortlich zu machen – dafür beispeilsweise, ob er sich bei einer Kaffeerösterei als Importfachmann eignet oder nicht. Und wenn sich Astrologen dabei auf die magnetischen oder gravitativen Einflüsse der Planeten berufen – wie es die »wissenschaftliche Astrologie« gerne tut –, so zeigt dies nur, wie wenig Ahnung sie von den tatsächlichen Größenordnungen haben: Jupiters elektromagnetische Energie ist auf der Erde weitaus geringer als die unserer schwächsten Radiosender. Und die Gravitationswirkung (Gezeiteneffekt) des Mars auf einen Menschen ist nicht größer als die Gravitationswirkung eines Apfels, den man in der Hand hält. Mit physikalischen Kräften jedenfalls ist das unfundierte Lehrgebäude der Astrologie nicht abzusichern!

Prognosen vergangener Jahre

Angesichts solcher Schwierigkeiten bei der Begründung der Gestirnseinflüsse verzichten immer mehr Astrologen auf jegliche Erklärung überhaupt und berufen sich allein auf die Liste ihrer Erfolge. Lang ist sie allemal. Wer sich aber die Mühe macht, astrologische Kalender vergangener Jahre durchzusehen und deren Prognosen einmal nachzuprüfen, der muß erstens feststellen, daß konkrete Voraussagen recht selten sind, und daß zweitens deren Trefferquote nicht gerade hoch ist. Da heißt es beispielsweise im Neuen Astrologischen Kalender für das Wahljahr 1976: »Helmut Schmidt jedenfalls hat kaum Chancen, seinen Kanzlerposten zu behalten. Er wird dies wahrscheinlich auch aus Gesundheitsgründen nicht können.« Das Ergebnis der Wahl ist bekannt.

Ein weiters Beispiel aus dem Lorcher Astrologischen Kalender: Der einmalig warme und schöne »Jahrhundertsommer« des Jahres 1976 wurde dort folgendermaßen angekündigt: Im Mai »Kaltlufteinbruch«, im Juni »unfreundlich, kühl, wolkenreich, regnerisch«, im Juli »unfreundlichster Sommermonat, starke Regenfälle, kühl, windig und wolkenreich, Gewitterstürme«.

Auch 1977 hatten die Astrologen mit dem Wetter kein Glück. Der völlig verregnete August war nach dem Stand der Sterne »ein idealer Sommermonat mit viel Sonne und Wärme, aber auch einigen schwülen Tagen mit heftigen Gewitterregen. Ideales Ernte- und Badewetter«. Hätten die Gestirne doch kräftiger gewirkt!

Ein letztes Beispiel aus der Politik: Das Horoskop von Brandt und Pompidou verhieß für 1974 gute politische Zusammenarbeit: Der eine stürzte, der andere starb.

Hilfe von der Statistik?

In allen Diskussionen mit professionellen Sterndeutern taucht früher oder später der Name eines französischen Wissenschaftlers auf: Michel Gauquelin. Gauquelin, Direktor eines Instituts für kosmische Rhythmen und Psychophysiologie in Paris, habe in jahrzehntelanger Arbeit die astrologischen Aussagen statistisch bewiesen. Was ist davon zu halten? Gauquelin veröffentlichte in der Tat Erstaunliches. Seine Resultate scheinen dafür zu sprechen, daß Militärs etwas häufiger geboren werden, wenn Jupiter gerade aufgeht oder seinen höchsten Punkt gerade überschritten hat. Ähnliches fand er bei Sportlern und dem Planeten Mars: mehr Sportler-Geburten, wenn Mars gerade über den Horizont steigt oder seinen höchsten Bahnpunkt überschreitet.

Gauquelins Untersuchungen sind gerade in jüngster Zeit Gegenstand heftiger Diskussionen. Es geht um die Frage, ob die angewandte mathematische Methode nicht zwangsläufig zu fehlerhaften Ergebnissen führen müsse. Gauquelin selbst hält hier eine Diskussion und Klärung für wünschenswert und sinnvoll. Man wird also abwarten müssen. Aber selbst wenn sich Gauquelins Befunde als zutreffend herausstellen sollten, darf man nicht übersehen, daß es sich um einen Geburtenüberschuß von nur wenigen Prozent handelt, und zudem um einen Zusammenhang, den die Astrologie vorher noch gar nicht bemerkt hatte. Daraus eine Rechtfertigung für die Astrologie herzuleiten, lehnt selbst Gauquelin entschieden ab: »Es ist klar, daß diese Ergebnisse auf wissenschaftliche und nicht auf astrologische Weise erklärt werden müssen!«

Horoskop mit Stimmt-Effekt

Vielen Leuten – und keineswegs nur Sterngläubigen – wird es so ergehen: Als wirklich falsch mag man das eigene Horoskop nicht einstufen. Im Gegenteil, eine ganze Menge scheint sich doch mit dem zu decken, wie man sich selber sieht und was man von sich selber hält. Die Gründe für diesen »Stimmt-Effekt« werden deutlich, wenn man ganz unbefangen das nachfolgende »Horoskop« liest:

Es handelt sich um eine Persönlichkeit, die auf innere Selbständigkeit bedacht ist, wobei die wichtigsten Voraussetzungen dazu, nämlich Auffassungsgabe und Interessenvielfalt, gegeben sind.

Ein Bedürfnis zur Harmonie hat diesen Menschen dazu gebracht, trotz vieler – und zum Teil widersprüchlicher – Interessen seinen engeren Wirkungskreis überschaubar zu halten. So läßt er einen Teil seiner Aktivität sich selbst und den Dingen, die er liebt, zugute kommen. Er denkt nicht nihilistisch, sondern glaubt an Werte, ohne deshalb »spießig« im kleinbürgerlichen Sinne zu sein. Aber auch das andere Extrem, kritiklose und überhebliche Vorhaben, liegt ihm fern. Seinen Mitmenschen gegenüber ist dieser Mensch nicht gleichgültig. Im inneren Kern ist er warmherzig und auch anteilnehmend, wenn er es auch nicht liebt, seine Gefühle allzu offen oder gar ungehemmt zu zeigen. In seinem eigenen Gefühlsleben ist er als sensibel, jedoch keineswegs als überempfindlich zu bezeichnen.

In ihrem bisherigen Leben war die begutachtete Persönlichkeit im großen und ganzen erfolgreich, wenn der Weg dorthin auch keineswegs geradlinig verlaufen ist. Auch in Zukunft sind, wie schon in den zurückliegenden Jahren, gewisse Enttäuschungen zu erwarten, wenn der Gesamtaspekt auch überwiegend positiv erscheint.

Bei einem Test im Studio empfanden acht von zehn Personen diese Beschreibung als »überwiegend zutreffend«. Und vielen Lesern wird es ähnlich ergehen. Es ist nämlich kaum möglich, in diesem Text gar nichts zu finden, was auf die eigene Person zuträfe. Jede Aussage, wenn sie nicht von vornherein schmeichelhaft und allgemein akzeptabel ist, wird sofort wieder durch ihr Gegenteil eingeschränkt oder revidiert: Harmonie und widersprüchliche Interessen – eines von beiden muß zutreffen. Der obenstehende Text wurde von einem Psychologen abgefaßt, aber viele professionelle Horoskopsteller, ob bewußt oder unbewußt, arbeiten mit dieser Technik: Sie profitieren davon, daß – mathematisch ausgedrückt – die Aussage »a oder nicht a« immer wahr ist. Jeder Astrologe wird, aus einsichtigen Gründen, diesen Vorwurf weit von sich weisen (oder ihn allenfalls für seine Kollegen gelten lassen). Er wird auf präzise Voraussagen und Erfolge pochen, die er allein dem Stand der Gestirne entnommen habe.

Wenn in einer Auseinandersetzung keiner mehr des andern Argumente zu akzeptieren bereit ist, dann – so empfahl schon Immanuel Kant – führt nur eine Wette weiter.

So geschah es. In einer Fernsehdiskussion und später in einer öffentlichen Anzeige (Abb. 52) wurden jedem Astrologen 10000 DM geboten, der eine vergleichsweise einfache Aufgabe lösen würde. Er sollte aus zehn genauen Geburtsdaten (Ort und Zeit) und der Angabe von zehn sehr unterschiedlichen Charakteren herausfinden, welcher Geburtstermin zu welcher Person gehört. Als zusätzliche Erleichterung sollten die zehn Personen in fünf Paare mit jeweils extrem gegensätzlichen Eigenschaften untergliedert sein, beispielsweise: Manager – Landstreicher; Gewohnheitsverbrecher – Geistlicher; Mathematikprofessor – Schwachsinniger.

Die Wettfrist verstrich, ohne daß sich einer der Astrologen, die für ihre Kunden ja weit Diffizileres aus den Geburtsdaten herauslesen, die Summe von 10000 DM verdient hätte. Bleibt nur die Schlußfolgerung, daß es nicht die Sterne sind, die lügen – wie sollten sie auch. Wir belügen uns selbst, wenn wir für wahr halten, was Astrologen als Wahrheit verkaufen.

DM 10.000,-

zahle ich dem Astrologen, dem die Lösung der folgenden elementaren Aufgabe gelingt: bei 5 von mir ausgewählten Paaren von Menschen, die sich durch gegensätzliche Eigenschaften unterscheiden (Beispiele: Landstreicherin und Chefsekretärin; Gewohnheitsverbrecher und Geistlicher), allein aus dem Horoskop jeweils den »Versager« und den »Normalen« herauszufinden.

Damit ist jedem Berufsastrologen Gelegenheit gegeben, öffentlich zu beweisen, daß die Astrologie tatsächlich zu leisten vermag, was sie Rat suchenden Menschen täglich verspricht.

Interessenten können die genauen Einzelheiten dieser Wette über meinen Verlag anfordern:

Hoffmann und Campe Verlag
Herrn Professor Dr. Hoimar v. Ditfurth
Harvestehuder Weg 45
2000 Hamburg 13

52 Anzeige in einer Tageszeitung.

Verständigung mit Tieren
Sprache ohne Laute

Dr. Roger Fouts steigt in Jeans und Stiefeln aus dem Boot und betritt die Insel. Freudig wird er von den Bewohnern empfangen. Sie kommen herbei und begrüßen ihn, heftig gestikulierend. Dr. Fouts antwortet, ebenfalls »mit Händen und Füßen«. Dann geht er auf einen der Affen zu. Kurze Unterhaltung – und Dr. Fouts beginnt, den Schimpansen zu kitzeln. Der genießt es sichtlich, besteht aber darauf, nun seinerseits den Menschen zu kitzeln. Schluß mit der Balgerei. Ein anderer Schimpanse versucht dringend, etwas von Dr. Fouts zu erreichen. Dieser lehnt ab.

»Was wollte er denn?« möchten wir wissen. »Er wollte unbedingt im Auto mitfahren, aber das geht heute nicht.« Roger Fouts sagt dies, als wäre es das Selbstverständlichste von der Welt, als lebten auf der Insel nicht langarmige, behaarte Schimpansen, sondern Menschenkinder. So muß es im Paradies gewesen sein.

Der Traum, sich mit Tieren zu verständigen, mit ihnen zu reden und umgekehrt von ihrer Welt zu erfahren – dieser Traum hat die Menschen nie verlassen. In unseren Märchen und Mythen ist er wahr. Sind auch Wissenschaftler wie Dr. Fouts dabei, ihn Wirklichkeit werden zu lassen?

Information durch Tanz

Daß Tiere miteinander reden, ist längst nicht so außergewöhnlich, wie es im ersten Augenblick scheinen mag. Für Gruppentiere oder staatenbildende Insekten ist Sprache sogar unerläßlich, um sich über gemeinsame Aktionen zu verständigen. Allerdings: Es braucht keine Sprache zu sein, die Stimme und Gehör voraussetzt. Lautsprache ist nur *eine* Möglichkeit der Verständigung. Es gibt viele andere.

Das klassische Schulbeispiel liefern die Bienen mit ihrer Tanzsprache. Hat eine Sammlerbiene eine lohnende Futterquelle entdeckt, so führt sie im Stock einen »Schwänzeltanz« auf, der die wesentlichen Merkmale einer Sprache trägt: Es wird ein bestimmter Sachverhalt durch Zeichen mitgeteilt, die nicht identisch sind mit dem Gemeinten. Die Geschwindigkeit etwa, mit der die Biene tanzt, gibt die Ergiebigkeit der Futterquelle an, die Dauer des Tanzes deren Entfernung und die Orientierung der Tanzfigur schließlich die Flugrichtung zur Fundstelle.

Um diesen Tanz zu verstehen, muß man, wie bei jeder Sprache, von den Zeichen selbst absehen und dafür ihre Bedeutung nehmen. Eine Tanzdauer von sechs Sekunden hat solange keinerlei Informationswert, als man nicht weiß, daß dies etwa eine Entfernung von 500 Metern bedeuten soll. Sprache setzt immer ein Abstraktionsvermögen von Zeichen und dem, was sie bezeichnen, voraus.

Sammlerbienen haben damit keine Schwierigkeiten. Durch den Schwänzeltanz informiert, schwärmen sie aus, machen sich über die Futterquelle her und bringen die Tracht gemeinsam nach Hause. Ein Erfolg ihrer Sprachbegabung.

Grundsätzlich das gleiche Problem, die Nachricht über einen Futterfund zu verbreiten, stellt sich auch anderen Insekten. Ameisen haben es völlig anders, aber nicht minder erfolgreich gelöst.

Die Sprache der Ameisen

Von jedem Ameisenhaufen führen mehrere »Straßen« zu den Futterplätzen in der Umgebung. Fast hat man den Eindruck, sie seien in verschiedene Kategorien unterteilt: wenig belebte Nebenstraßen, größere Hauptstraßen und verkehrsreiche mehrspurige Avenuen. Wie eigentlich finden die Ameisen ihren Weg? Was hält sie auf ihren Straßen, die scheinbar ohne Markierung querfeldein laufen?

Markierungen fehlen eben nur scheinbar. Sie sind zwar unsichtbar – auch für Ameisen. Aber sie sind zu riechen: Bei den Ameisenstraßen handelt es sich um Duftstraßen. Und dementsprechend leicht sind solche Straßen zu unterbrechen. Man kann sie mit einer Handvoll Sand zuschütten, man kann sie wegwischen oder ein Stück der Trasse, ein Blatt etwa oder einen Ast, herauslösen. Sofort bildet sich ein Stau an der unterbrochenen Stelle. Sichtliche Aufregung. Aber schon nach ein paar Minuten ist eine neue Duftspur über die Störzone gelegt, und der Verkehr fließt wieder ungehindert zu den angestammten Futterplätzen.

Wer aber eine neue Futterquelle entdeckt, vielleicht eine tote Maus oder einen Wurm, der legt sofort eine neue Spur: Heimwärts eilend, tupft die Ameise mit dem Hinterleib regelmäßig auf den Boden, preßt ein Tröpfchen Duftstoff heraus und setzt so eine Markierung nach der anderen. Kein Problem für die Kolleginnen aus dem Bau, den Duftsignalen folgend, die Beute ausfindig zu machen.

Bei manchen Arten enthält die Duftspur sogar Informationen, wie weit es noch zum Fundort ist: je näher das Ziel, um so dichter die Duftmarken. Ebenso kann die Reichhaltigkeit der Beute durch die Intensität der Spur zum Ausdruck gebracht werden.

Wie zuverlässig diese Duftsprache funktioniert, zeigt ihr gezielter Mißbrauch durch die Zoologen. In den letzten Jahren gelang es ihnen, den Duftstoff einiger Ameisenarten zu analysieren und künstliche herzustellen. Es handelt sich um eine bestimmte Fettsäure. Damit aber kann man sich gleichsam in die Sprache der Ameisen einschalten und ihnen die Wege mitteilen, die sie gehen sollen. Ein Fläschchen Fettsäure und ein

53 Diese Ameisen folgen einer künstlichen, mit dem Pinsel gezogenen Duftspur. Erst vor wenigen Jahren gelang es, den Duftstoff, eine Fettsäure, zu entschlüsseln und ihn chemisch herzustellen.

Pinsel genügen. Wie immer man den Pinsel führt, die Ameisen folgen schon nach wenigen Sekunden der Duftspur – egal, wohin sie führt. Man kann ihnen buchstäblich ein A oder B vorschreiben, und blindlings leisten sie der Vorschrift Folge.

Dabei zeigt sich sehr deutlich, daß die Duftsignale nicht nur den Weg markieren, sondern zugleich auch eine Aufforderung bedeuten, sich auf diesem Weg in Marsch zu setzen. Schon nach kürzester Zeit ist die zunächst unsichtbare Duftspur schwarz gefärbt von eilenden Ameisen (Abb. 53).

Nach der Rückkehr der Ameisen vom Futterplatz setzt eine weitere Verständigungsart ein: Fühlersprache. Hungrige Ameisen empfangen die vollgefressenen Heimkehrer und betasten und »betrillern« deren Fühler in bestimmter Weise. Das bedeutet soviel wie »gib mir Futter ab«, und, sozial wie sie sind, würgen die Angebettelten auch einen Futtertropfen heraus und übergeben ihn. Nicht aus Mitgefühl oder Altruismus, versteht sich, sondern weil die Fühlersprache in zwingender Weise diese Instinktreaktion auslöst.

Davon aber profitieren außer den Artgenossen auch kleine, braunglänzende Käfer, die sich häufig in der Nähe von Ameisenstraßen aufhalten. Diese Glanzkäfer erkennen nicht nur die Duftmarkierungen der Ameisen, sondern beherrschen auch deren Fühlersprache. Und sie nutzen ihre »Fremdsprachenkenntnisse« weidlich aus. Wenn sie Hunger bekommen, setzen sie sich einfach auf die Straße und betteln mit ihren Fühlern vorbeikommende Ameisen an. Nicht immer klappt es auf Anhieb. Aber spätestens nach ein paar Versuchen gelingt das Täuschungsmanöver, und sie bekommen ihre Futterration dargeboten (Abb. 54).

54 Ein hungriger Glanzkäfer bettelt in Fühlersprache bei einer Ameise um Futter. Er wird erhört.

Duftalarm

Ein Vorzug der Duftsprache liegt darin, daß viele Partner gleichzeitig anzusprechen und gegebenenfalls zu mobilisieren sind. Aber Duftsignale sind geradezu ideal, wenn eine Nachricht den Tod ihres Absenders überdauern soll – beispielsweise als Warnsignal für die anderen. So ist es nicht erstaunlich, daß Ameisen ein chemisches Alarmsignal besitzen: Es ist der Geruch der Ameisensäure.

Ameisensäure, gezielt aus dem Hinterleib gespritzt, dient zwar in erster Linie als wirksame Waffe, aber ihre Rolle als Nachrichtenmittel läßt sich unschwer demonstrieren. Ein Tropfen Ameisensäure in eine Kolonie geträufelt, löst dort Großalarm aus: Von allen Seiten laufen die Insekten aufgeregt herbei und kämpfen mit Abwehrstrahlen aus dem Hinterleib gegen den vermeintlichen Feind. Der Duftalarm hat sie mobilisiert und in Erregung versetzt.

Man kann sich ohne weiteres vorstellen, wie der gesamte Ameisenstaat durcheinander käme, wenn man an vielen Stellen gleichzeitig solchen blinden Alarm auslösen würde. Ein Chaos wäre die Folge. Genau so geht aber eine bestimmte Ameisenart vor, deren Spezialität es ist, fremde Kolonien zu überfallen und sich dort Sklaven zu holen: Beim Überfall sprühen sie aus extra kräftigen Duftdrüsen den fremden Bau mit Alarmstoff ein – und lösen durch dieses chemische »Indianergeheul« eine totale Panik aus. In der allgemeinen Verwirrung dringen sie dann bis zu den Puppen vor und rauben sie. Psychologische Kriegführung!

Duftsignale also koordinieren zu einem großen Teil das Leben in einem Ameisenbau. Und mitunter gelingt es sogar, sich in diese Sprache einzuschalten, den Ameisen ein »Achtung Gefahr!« oder »Folge mir!« zu signalisieren. Aber von einem Gespräch kann natürlich keine Rede sein. Nicht nur, weil die Kommunikationssignale erst bruchstückhaft entschlüsselt wären, sondern aus viel prinzipielleren Gründen: Worüber sollten wir uns denn mit einer Ameise oder Biene unterhalten? Welches gemeinsam interessierende Thema wäre denn denkbar? Der entwicklungsgeschichtliche Abgrund ist nicht zu überbrücken.

Ausdrucksstarke Affen

Verständigung mit Tieren, soll sie mehr sein als ein einseitiges Auslösen bestimmter Instinktreaktionen, kann wahrscheinlich nur mit unseren nächsten Verwandten, mit Affen, versucht werden. Wenn überhaupt, dann ist hier so etwas wie ein Dialog möglich, wo jeder Partner von der Erlebniswelt des anderen erfährt – was er beispielsweise von der Umgebung wahrnimmt, ob er gerade Angst hat oder ob er vielleicht zum Ballspielen aufgelegt ist.

Selbst mit Hunden, auch wenn sich Herr und Hund oft »blind« verstehen, ist ein solches Gespräch kaum vorstellbar. Schon deshalb nicht, weil die Ausdrucksmöglichkeiten eines Hundes, seien sie mimischer, lautlicher oder sonstiger Art, für eine differenzierte Sprache nicht ausreichen würden. Wie etwa sollte ein Hund sich über die Farbe seines Futternapfes äußern?

Affen hingegen, vornehmlich Menschenaffen, besitzen ein weit größeres Repertoire an Ausdrucksmöglichkeiten. Schon ihre Mimik ist erstaunlich vielseitig. Sie umfaßt die gesamte Bandbreite »psychischen Befindens« und ist zudem so menschenähnlich, daß wir einem Schimpansen unmittelbar ansehen, ob er erstaunt, erregt oder gelangweilt ist. Eben darin liegt ja zum guten Teil die Anziehungskraft, wie sie vom Affenkäfig im Zoo ausgeht.

Aber auch die stimmliche Variationsfähigkeit ist sehr ausgeprägt. Nur bei oberflächlichem Hinhören scheint eine Affenhorde ein undifferenziertes Einheitsgeräusch zu produzieren. Analysiert man es genauer, so stellt sich eine Vielzahl unterschiedlichster Lautäußerungen heraus.

Lebendige Mimik und nuancenreiche Stimme – man sollte meinen, dies würde ausreichen, um einem Menschenaffen das Sprechen beizubringen. Auch Wissenschaftler hegten zunächst diese Hoffnung. Es gibt mehrere Fälle, wo sie Affenbabys an Kindes Statt aufnahmen und in der Familie großzogen – sogar gemeinsam mit ihren eigenen Kindern. Niemals aber, trotz aller Mühe der Wissenschaftler, lernten die Tiere, sich durch Worte auszudrücken. Die Schimpansin Vicky etwa beherrschte nach mehrjährigem Training gerade zwei Wortlaute, »mom« und »cup«, und verwendete auch diese nicht fehlerfrei. Was hindert Affen am Sprechen?

Sprachzentrum im Stirnhirn

Es gibt bekanntlich unzählige Arten, »Guten Morgen« zu sagen. Je nach Laune und Stimmung wird es anders klingen: mürrisch, locker, zaghaft. Die Stimmung beeinflußt die Stimme. Dieser emotionale Zusatz zur Sprache, unterstützt durch gestischen und mimischen Ausdruck, ist et-

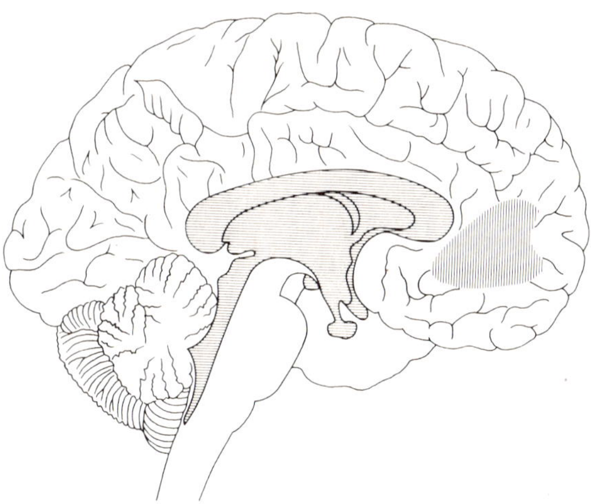

55 Schnitt durch das menschliche Gehirn. Ein Sprachzentrum befindet sich in der linken Großhirnhälfte (senkrecht schraffiertes Gebiet).

was völlig anderes als die Sprache selbst. Obwohl beim Reden nicht zu trennen, werden beide von zwei unterschiedlichen Hirnteilen aus gesteuert. Und hierin liegt letztlich auch die Antwort auf die Sprachlosigkeit oder besser: die Wortlosigkeit der Affen.

Die unbewußte Stimm-Modulation, die Gestik und Mimik haben bei uns wie bei Affen ihren »Sitz« in einem entwicklungsgeschichtlich sehr alten, archaischen Hirnteil: dem Zwischenhirn. Dort sind Verhaltensmuster und Instinktprogramme gespeichert, und von dort werden auch die nicht-verbalen Ausdrucksmöglichkeiten gesteuert, also das, was man gemeinhin als Körpersprache bezeichnet.

Ganz anders die Fähigkeit zum Reden. Hierfür liegt das Zentrum im Großhirn, dem entwicklungsgeschichtlich jüngsten Hirnteil, das nirgends so ausgereift ist wie bei uns Menschen. Dieses Sprachzentrum (Abb. 55) befähigt uns, in Worten zu reden. Natürlich nicht in dem Sinne, daß dort Worte und Sätze wie in einem Fremdsprachen-Lexikon und Grammatikband auf Abruf bereitlägen. Aber die grundsätzliche Fähigkeit, Lautsymbole zu erlernen und sie nach bestimmten, in allen Sprachen wiederkehrenden Grundmustern zu verknüpfen – diese Fähigkeit ist dort verankert.

Wie Unterschiedliches Zwischenhirn und Großhirn zum Sprechen beitragen, zeigt sich, wenn eines der Zentren ausfällt. So gibt es Patienten, die an einer Zwischenhirn-Störung leiden. Sie sind durchaus noch in der Lage zu sprechen, aber nur automatenhaft monoton, ausdruckslos und mit unbewegter Miene.

Umgekehrt liegt der Fall bei sogenannten Aphasikern. Bei ihnen ist das Sprachzentrum gestört. Und völlig zerstört und zergliedert ist auch ihre Redeweise. Ohne Sinn werden die Silben aneinandergereiht, jedoch so ausdrucksstark im Tonfall, stimmlich so moduliert und von Gebärden und Mienenspiel unterstützt, daß man eher an eine fremdländische Sprache als an Sprachverlust denken möchte.

Ein bestimmter Hirnteil also – und nicht etwa die Existenz eines Kehlkopfes oder anderer lauterzeugender Organe – entscheidet über die Fähigkeit zu reden. Ein Hirnteil, den wir allen Lebewesen, auch Menschenaffen, voraus haben. Deshalb werden Affen nie lautlich artikulieren und wir nie mit ihnen reden können. Deshalb aber auch die Suche nach anderen Möglichkeiten der Verständigung.

Rotes Quadrat bedeutet Banane

Wenn Affen nicht reden können, so sagte sich der amerikanische Psychologe David Premack, dann sollte man statt des gesprochenen Wortes andere, nicht-lautliche Symbole benutzen. Vielleicht läßt sich damit eine Unterhaltung zustande bringen.

56 Das Schimpansenmädchen Peony formt Sätze aus farbigen Klötzchen und heftet sie an eine Tafel.

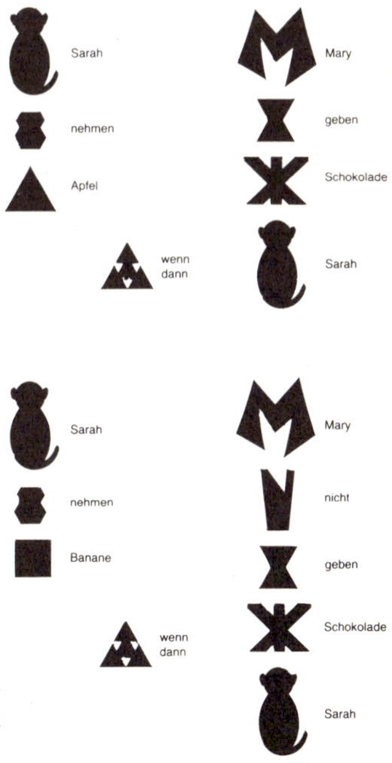

57 Zwei komplizierte Sätze in Klötzchen-Sprache. Was muß die Äffin Sarah tun, um Schokolade zu bekommen?

In seinem Institut in Santa Barbara in Kalifornien erhalten junge Schimpansen regelrechten Sprachunterricht. Sie müssen Vokabeln pauken und Sätze bilden. Aber es handelt sich um eine Bildersprache. Ihre Worte bestehen aus graphischen Symbolen – aus Plastikklötzchen unterschiedlicher Form und Farbe, die an eine Tafel geheftet werden können (Abb. 56). Ein Rotes M bedeutet Mary – so heißt eine der Pflegerinnen. Und P steht für das Affenmädchen Peony. Ein rotes Quadrat ist die Vokabel für Banane, ein blaues Dreieck für Apfel und so fort. Auch Verben wie »nehmen« oder »geben« werden durch Plastikformen dargestellt, ebenso Eigenschaftsworte oder Farben.

Das Erlernen dieser Symbolsprache ist nicht einfach. Peony hat für die ersten zwei Begriffe volle acht Monate gebraucht, und dies bei täglichem Unterricht. Aber dann ging es rapide aufwärts. Vor allem Sätze wie »Mary geben Schokolade an Peony« lernte das Affenmädchen sehr schnell zu äußern. Und wie weit eine derartige Sprache führen kann, zeigt das Beispiel von Dr. Premacks früherer Musterschülerin: Die Äffin Sarah beherrschte in ihren besten Zeiten einen Wortschatz von 120 Symbolen. Und nicht nur dies. Sie konnte mit Fragesätzen umgehen, mit Verneinungen und sogar mit komplizierten Wenn-Dann-Beziehungen.

Damit läßt sich in der Tat eine Unterhaltung führen. Man kann etwa nach der Farbe und dem Geschmack eines Apfels fragen und wird als Antwort die Symbole für Rot und Süß an die Tafel bekommen. Aber Sarah wurde in viel kompliziertere Gespräche verwickelt, die nicht nur Wortschatz, sondern auch logisches Schließen verlangten. Das gipfelte in folgenden zwei Sätzen, die man der Äffin an die Tafel heftete (Abb. 57):

Wenn Sarah nehmen Apfel, dann Mary geben Schokolade an Sarah.
Wenn Sarah nehmen Banane, dann Mary nicht geben Schokolade an Sarah.

Sarah soll, wie Dr. Premack schilderte, nachdenklich die beiden Sätze studiert haben, um dann ohne Zögern den Apfel zu nehmen – in der richtigen Erkenntnis, daß sie dann noch zusätzlich die Schokolade bekommen würde.

Sarahs Erfolge liegen schon einige Jahre zurück. Sie sind in dieser Form nie wieder erreicht worden. Vielleicht war Sarah ein Sprachgenie. Vielleicht aber auch – so geben einige Kollegen Dr. Premacks zu bedenken – wurde ihre Sprachbegabung überschätzt. Denn bei dem engen, vertrauten Umgang zwischen Lehrer und Schüler könnte Sarah ganz unbewußt und ungewollt durch das menschliche Verhalten beeinflußt worden sein.

Und dieser Einwand hat Gewicht. Gerade weil Affen stimmlich und mimisch so begabt sind, ist kaum auszuschließen, daß sie aus dem Tonfall des Lehrers, seiner Gestik oder seinem Mienenspiel eine Reihe von Zusatzinformationen herauslesen. Ganz ähnlich, wie es bei einander nahestehenden und vertrauten Menschen der Fall ist. So neigen Affen beispielsweise dazu – nicht anders als Kinder –, aus dem Gesichtsausdruck des Lehrers Rat zu holen, wenn sie bei einer Aufgabe unsicher sind und steckenbleiben.

Eine Maschine als Partner

Um »verfälschende« Einflüsse dieser Art auszuschließen, entwarf der Psychologe Duane M. Rumbaugh in Atlanta eine aufwendige und hochtechnisierte Apparatur. Sie ist mit zahllosen Tasten versehen und ähnelt einem Selbstbedienungsautomaten, wo man ohne Verkäufer alles mögliche – vom Blumenstrauß bis zum heißen Würstchen – erstehen kann. Und auch der Zweck ist so verschieden nicht. Rumboughs Maschine soll ebenfalls einen Menschen ersetzen: Sie ist der Gesprächspartner für das Affenmädchen Lana.

Die Unterhaltung geschieht wiederum über graphische Symbole. Aber sie sind hier auf den Tasten der Maschine abgebildet, und Lana hat die richtigen zu drücken. Kein Problem. Seit Jahren ist sie mit der Maschine vertraut und spielt mit wahrhaft affenartiger Geschwindigkeit auf ihrer Klaviatur (Abb. 58). Hat sie beispielsweise Appetit auf eine Scheibe Brot, dann wählt sie die Tastenkombination »Bitte – Maschine – gib – Stück – von – Brot«. Der Satz leuchtet als Bildleiste auf, und wenn er korrekt ist, spuckt die Maschine aus einer Klappe das Gewünschte aus. Andernfalls zeigt sie keine Reaktion. Ebenso kann Lana das Öffnen eines Schiebefensters erbitten; dann darf sie für 30 Sekunden die freie Natur betrachten. Sie kann sich Musik vorspielen lassen oder Dias ansehen. Die Maschine bietet große Auswahl.

Aber auch umgekehrt kann die Maschine Fragen an Lana richten. Dann leuchten auf der Bildleiste Sätze auf, die von den Wissenschaftlern draußen eingegeben werden. Beim Üben von Vokabeln beispielsweise wird Lana gefragt: »Was – Name – von – dieses?« Daraufhin schaut sie durch eine Scheibe in den Nebenraum, wo ihr ein rotes Kästchen gezeigt wird. »Name – von – dieses – sein – Kästchen«, lautet Lanas korrekte Antwort, und dann fügt sie noch aus eigenem Entschluß hinzu: »Welches – sein – Rot.«

Dieser Nachsatz ist doppelt aufschlußreich. Einmal zeigt er, daß Lana sich über die eingetrichterte Lektion hinaus aus freien Stücken äußert. Zum andern liefert er ein schönes Beispiel für das Abstraktionsvermögen, das diese Symbolsprache erfordert: Das Zeichen für Rot ist selbst keineswegs rot, sondern ein schwarzer Strich. Kein Zweifel, Lana beherrscht diese Sprache. Und zwar, ohne daß irgendwelche vorsprachlichen Ausdrucksmittel im Spiel wären. Dafür sorgt die leblose Maschine.

Lana allerdings hat dies nicht schadlos überstanden. Seit Jahren auf sechs Quadratmetern mit diesem maschinellen Gesprächspartner einge-

58 Lana beherrscht diese Tastatur perfekt. Sie bestellt sich Brot auf Knopfdruck, beantwortet Fragen oder öffnet ein Fenster.

schlossen, ist sie völlig neurotisch geworden. Mit blindwütiger Aggressivität fällt sie jedes Lebewesen an – sie es Affe oder Mensch –, das ihren Raum betritt. Völlig unfähig zur Kommunikation, kann sie sich nur noch mit ihrer Maschine beschäftigen. Wie weit entfernt ist dies von jenem uralten Menschheitstraum nach einer harmonischen Beziehung zu den Tieren: Verständigung ist offenbar mehr als der Austausch abstrakter Symbole.

Die Philosophie von Dr. Roger Fouts ist so einfach wie beeindruckend. Nicht Labor, Plastikzeichen oder Lichtsymbole sind für ihn entscheidend, sondern zuallererst ein gutes Verhältnis und gegenseitiges Verständnis zwischen Mensch und Tier. Roger Fouts, ebenfalls Psychologe, hat einen alten vergammelten Bauernhof mit See und Insel gepachtet, wo er ungestört mit Schimpansen lebt und mit ihnen arbeitet.

Denn auch er und seine Mitarbeiter bemühen sich um Sprachkontakte zu den Tieren. Auch hier müssen die Affen Worte und Sätze lernen. Aber nicht in Form abstrakter Symbole, sondern von vornherein in einer Art Körpersprache, wo jedes Wort durch eine bestimmte Geste dargestellt wird – ganz ähnlich, wie das auch bei der Taubstummensprache der Fall ist.

Auffallend aber, vor aller Sprachdidaktik und Unterrichtsmethode, ist das Verhalten der Affen selbst. Sie wirken weder dressiert noch wild, sondern partnerschaftlich, freundlich, natürlich. Roger Fouts schildert, wie es dazu kam: »Zum einen nehmen wir die Schimpansen als Individuen ernst. Wir betrachten sie als Partner. Viel Beschäftigung und Autorität ist wichtig. Schimpansen sind wie Kinder, sie wollen immer wissen, wie weit sie gehen können. Deshalb ist Konsequenz notwendig.

Eine andere Voraussetzung ist, meiner Meinung nach, daß man sie wirklich mag. Daß man sie richtig gern hat – wie Kinder. Und ich meine, daß die Schimpansen einen Anspruch darauf haben, weil sie uns so nahestehen. Sie sind keine Kühe, Hunde oder Katzen, sie stehen uns auch geistig sehr nahe. Je mehr man sie also achtet als das, was sie sind, desto besser lernt man sie kennen.«

Und hiermit beginnen die Wissenschaftler sehr früh. Schon die kleinsten Affenbabys erfahren so viel Zuneigung und Fürsorge, wie man sie auch einem menschlichen Baby entgegenbringen würde. Sie werden gestreichelt und mit der Flasche gestillt. Später, im Spielalter, bekommen sie dann eine Art Laufstall, wo sie – oft zusammen mit den Wissenschaftlern – spielen, toben, tollen können. So baut sich von Anfang an eine individuelle Beziehung zu den Affenkindern auf. Roger beispielsweise ist für die meisten eine Art Vaterfigur. Sie mögen ihn und haben Respekt vor ihm – auch als Lehrer.

Unterricht gibt es jeden Tag. Jeden Tag werden Vokabelzeichen wiederholt und neue Sätze geübt. Überhöhte Abstraktion ist dabei wenig gefragt: Wann immer es geht, orientieren sich die Zeichen an Sinneseindrücken, die mit dem betreffenden Wort verbunden sind. »Blume« etwa wird durch Berühren der Nase dargestellt. »Hut«, indem man die Hand über den Kopf hält. Oder eine tickende »Uhr«, indem man den Zeigefinger ans Ohr hält.

Soll ein neues Zeichen erlernt werden, dann führt Roger Fouts so lange Hand oder Arm seiner Schüler, bis die neue Bewegung »sitzt«. Aber hierbei zeigt sich ein typischer Effekt, der jedem Lehrer vertraut ist: Um den neuen Lernstoff wirklich zu verankern, muß er mit dem bisher Gelernten zusammengebracht werden. Deshalb mischt Roger Fouts immer wieder alte Zeichen dazwischen. »Ich will sichergehen«, erklärt er, »daß sie nicht für alles den gleichen Namen verwenden. Ein neues Zeichen fasziniert sie oft so stark, daß es alle anderen verdrängt.«

Mit Hilfe der 40 bis 50 Zeichen, aus denen ihr Standardwortschatz besteht, äußern sich die Schimpansen spontan – wann immer es ihnen einfällt. Meist handelt es sich um Wünsche. Sie wollen spielen, etwas Bestimmtes zu essen oder mit Roger ausgehen. Häufigste Aufforderung: Du mich kitzeln!

Was mag in Affen vorgehen, die plötzlich in der Lage sind, ihre Wünsche zu äußern, sich mitzuteilen und Mitteilungen entgegenzunehmen? Wird durch das Erlernen einer Sprache womöglich auch ihre geistige Entwicklung beeinflußt, ihr Bewußtseinshorizont erweitert? Dr. Fouts hält das für ausgeschlossen: »Da ändert sich nichts. Was hier geschieht, ist lediglich, daß wir zum ersten Mal in der Lage sind, über ihre inneren Vorgänge etwas zu erfahren. An diesen selbst ändert sich jedoch nichts. Wir bringen ihnen keine neuen Begriffe bei, sondern geben ihnen nur Gelegenheit, Begriffe zu äußern, die sie vorher schon hatten. Auch in freier Wildbahn haben sie möglicherweise ein sehr komplexes System zur Verständigung. Aber dessen Code haben wir bisher noch nicht entschlüsselt.«

Roger Fouts ist es gelungen, die Verständigung mit Tieren so weit zu vervollkommnen, wie dies vielleicht überhaupt nur möglich ist. Entscheidend dabei war seine Grundvoraussetzung, deren Bedeutung zunehmend auch für den zwischenmenschlichen Bereich erkannt wird: daß vor der Verständigung das Verständnis zu stehen habe. Auch bei Kindern ist eine verständnisvolle vorsprachliche Beziehung zu den Eltern entscheidend für die spätere Sprachentwicklung. Vielleicht dient Dr. Fouts' Erfahrung nicht nur der Verständigung mit Tieren.

Phantasie der Schöpfung
Konstruktionsleistungen der Natur

Im Fernsehstudio war das Wettfieber ausgebrochen. Es ging um ein rohes Hühnerei. Wie stark – das war die Frage – kann man ein rohes Ei zwischen dem oberen und dem unteren Ende zusammenpressen, ohne daß es kaputtgeht? Es war zu ahnen, daß sich das Ei als überraschend stabil erweisen würde, und so fielen die Schätzungen von vornherein recht hoch aus. Sie schwankten zwischen fünf und fünfzig »Kilo«. Man durfte gespannt sein auf das Experiment vor der Kamera, das Klarheit bringen sollte.

Zwischen Daumen und Zeigefinger in die Zange genommen, erwies sich das Ei noch als stabil. Es war nicht zu zerdrücken. Nächster Schritt: Der Hamburger Meister im Gewichtheben nahm sich des zerbrechlichen Gegenstandes an und versuchte, ihn »mit Gewalt« auf dieselbe Weise kleinzukriegen. Das Hühnerei blieb heil. Und es waren immerhin neun »Kilo«, die der Meister zwischen Daumen und Zeigefinger aufbrachte.

An dieser Stelle muß fairerweise eine Warnung eingefügt werden: Alle eigenen Tests bezüglich der Stabilität von Eiern sollten tunlichst nicht im Wohnzimmer durchgeführt werden. Nicht jedes deutsche Hühnerei ist solchen außergewöhnlichen Belastungen gewachsen. Einseitige Ernährung der Hühner oder kleine Sprünge in der Schale führen oft zum vorzeitigen Bruch. Am ehesten scheinen sich die Legeprodukte freilaufender Hühner als Demonstrationsobjekte zu eignen.

Aber wieviel verträgt ein rohes Ei nun wirklich? Zum Test wurde das Ei senkrecht zwischen zwei weich ausgekleidete, bewegliche Backen, den Fingerkuppen ähnlich, eingespannt, und dann kamen Gewichte darauf: 10 Kilo, 15 Kilo – bei 18 Kilo schließlich zerbarst das Ei unter dem Poltern der herabstürzenden Gewichte.

Es muß schlechterdings eine geniale Konstruktion vorliegen, wenn eine 0,3 Millimeter dicke Umhüllung von knapp fünf Gramm das Viertausendfache ihres Gewichts abzuschirmen vermag. Das Geheimnis der Hühnerei-Konstruktion besteht darin, daß es die Form eines doppelten Gewölbes hat. Die Kraftlinien laufen längs der Schale und belasten sie auf Druck oder – in Richtung der Breitengrade – auf Zug. Aber es treten keine Knickkräfte senkrecht zur Eierschale auf. Nicht von ungefähr sind Techniker auf eiförmige Umhüllungen gekommen, wie etwa bei einem Atomreakter in der Nähe Münchens (»Garchinger Atomei«), wenn ein Optimum an leichter und stabiler Umhüllung gefragt war.

Aber wer eigentlich optimierte das Hühnerei und entwarf dessen geniale Form? Niemand wird einem Haushuhn planerische, konstruktive Fähigkeiten unterstellen wollen, aber muß man nicht der Natur insgesamt eine Art Intelligenz zuschreiben – eine Intelligenz, die sich sicherlich anderer Methoden bedient als wir, die aber vom Resultat her gesehen unserem vielgepriesenen technischen Verstand durchaus ebenbürtig oder überlegen ist? Wo immer man biologische Zusammenhänge durchschaut, scheint sich diese Schlußfolgerung aufzudrängen. Selbst bei einem so unscheinbaren und alltäglichen Geschöpf wie einer Stubenfliege.

Probleme bei der Fliege

Das sommerliche Fliegensummen verrät eine Fähigkeit dieser Insekten, die sie eigentlich gar nicht haben dürften: Bis zu 200mal in einer Sekunde klappen sie ihr Flügelpaar nach oben und wieder abwärts. Dies aber übersteigt bei weitem die Frequenz, mit der sich ein lebender Muskel kontrahieren und entspannen kann.

Etwa achtmal pro Sekunde schnellt jeder Finger auf die Tasten, wenn ein Klaviervirtuose einen Triller spielt. Und auch bei knatternden Haken-Trillern einer Flamencotänzerin liegt die Frequenz nicht höher. Achtmal in einer Sekunde spannen und lockern – mehr schaffen unsere Muskeln nicht.

Selbst wenn man einräumt, daß der Mensch hier besonders langsam funktioniert – die Spitzenleistung hält der schwirrende Kolibri mit 50 Flügelschlägen in der Sekunde –, es ist ganz ausgeschlossen, daß sich die Flugmuskeln einer Fliege jede Sekunde 200mal zusammenziehen. Wie denn fliegt eine Fliege?

Professor Werner Nachtigall, Direktor des Zoologischen Instituts in Saarbrücken, hat sich eingehend mit diesem biologischen Paradoxon befaßt, und es gelang ihm tatsächlich, dem rätselhaften Flügelantrieb auf die Schliche zu kommen. Das Geheimnis liegt im Bruststück der Fliege. Dieser Thorax, wie die Zoologen ihn nennen, ist nämlich kein faßähnlich starrer Körper, sondern ein schwingungsfähiges Gebilde, bei dem das schlüsselähnliche Unterteil und die obere Deckplatte gegeneinander schwingen können. Zwischen Ober- und Unterteil aber sind über ein kompliziertes Gelenksystem die Flügel eingehängt, so daß sie sich zwangsläufig mitbewegen, wenn der Thorax schwingt.

Professor Nachtigall selbst beschreibt dieses mechanische System durch ein denkbar einfaches und anschauliches Modell: »Man nehme einen Topf mit einem etwas zu klein geratenen Deckel und klemme links und rechts je einen Kochlöffel ein. Der Topf stehe für den größeren Teil der Brustkapsel, der kleine Deckel für das obere Stück der Brustkapsel. Die Kochlöffel seien die Flügel. Wird nun der Deckel von Hand im Topf ganz leicht zum Auf- und Abschwingen gebracht, so bewegen sich die Kochlöffel auf großer Bahn nach unten und oben« (Abb. 59).

Was ist aber damit gewonnen? Im ersten Augenblick scheint das Problem der Muskelfrequenz nur verlagert, denn statt der Flügel muß nun

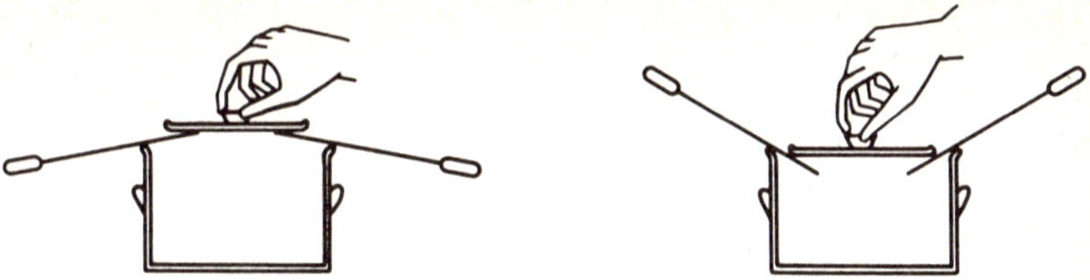

59 Das sogenannte Topf-Deckel-Modell veranschaulicht den Flugmotor der Fliege.

der Thorax 200mal in der Sekunde durch Muskelfasern zum Schwingen gebracht werden. Der Unterschied liegt jedoch darin, daß diese Konstruktion, einmal angestoßen, wie eine Spiralfeder von selber weiterschwingt – mit der für sie typischen Eigenfrequenz. Und dies bedeutet, daß die Muskeln ohne weiteres ein paar Schläge aussetzen können und vielleicht nur jedes vierte oder fünfte Mal aktiv am Flügelschlag beteiligt sind. Noch ist die Diskussion nicht abgeschlossen, aber wahrscheinlich benutzen die Fliegen diesen raffinierten technischen Trick, um sich bei Schlagzahl 200 summend in der Luft zu halten.

Leicht und doch stabil

Der hochgezüchtete Flugmotor zieht allerdings weitere technische Probleme nach sich. So muß ein Flügel, der in jeder Sekunde 200mal beschleunigt, abgebremst, in der entgegengesetzten Richtung beschleunigt und wiederum abgebremst wird, extrem leicht gebaut sein. Anderenfalls wären die auftretenden Trägheitskräfte nicht mehr zu bewältigen. Diese Forderung nach geringer Flügelmasse wird noch unterstützt durch die Notwendigkeit eines möglichst geringen Gesamtgewichtes, denn die Fliege soll ja fliegen.

Mit dem hauchdünnen Gewebe des Fliegenflügels hat die Natur das Gewichtsproblem gelöst, aber sich zugleich ein neues eingehandelt: Das Material ist zwar leicht, aber auch nachgiebig und biegsam wie ein Blatt Papier. Wie soll der Flügel damit seine Steifheit und Stabilität erreichen, die er als Tragfläche nun einmal braucht? Die Antwort läßt sich an jedem Blatt Papier vorführen, indem man es wie einen Faltenrock mit Längsfalten versieht. Die Knicke verleihen dem Papier eine gewisse Steifheit und Tragfähigkeit, weil jetzt ein Teil der Kräfte als reine Zug- und Druckkräfte in der Papierfläche verläuft. Aus demselben Prinzip beziehen Wellbleche oder Wellpappen ihre Biegefestigkeit, und ebenso der Fliegenflügel: Auch er ist nicht eben, sondern mehrfach geknickt. Erst diese Falten

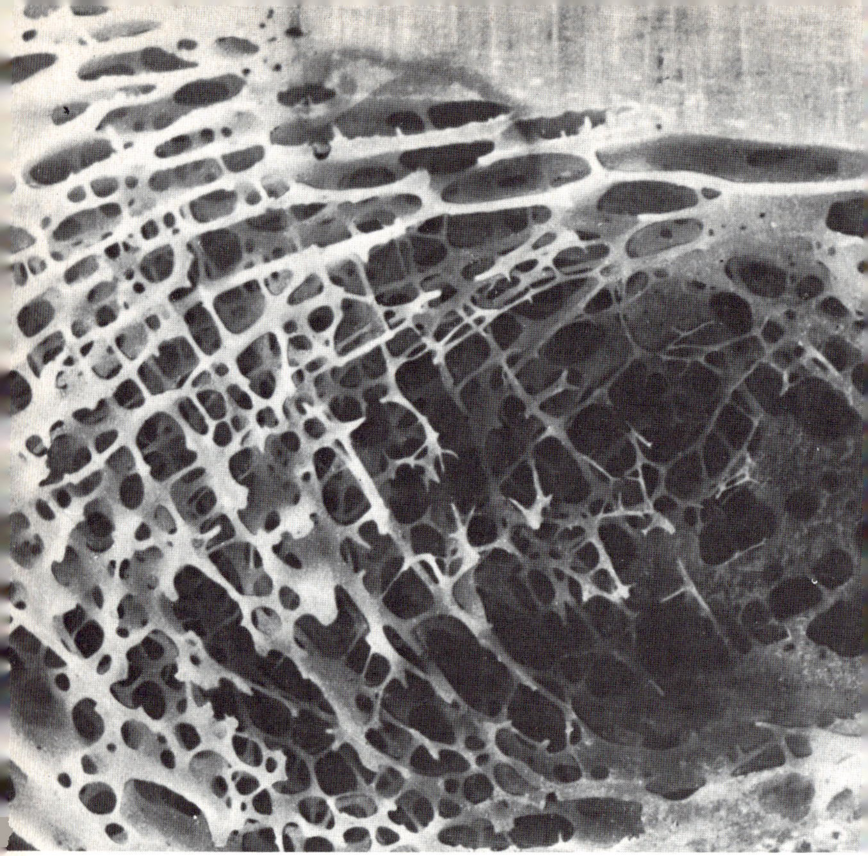

60 Knochenbälkchen im Oberschenkelhals. Sie bilden ein statisch hervorragendes Stütz- und Strebesystem.

versteifen das biegsame Material und machen es zur idealen Flügelbespannung. Angewandte Statik.

Dem Statiker eines Ingenieurbüros freilich ist damit wohl kaum zu imponieren. Auch er steht ja grundsätzlich vor derselben Aufgabe: mit geringstem Materialaufwand ein Höchstmaß an Stabilität zu erreichen. Und unsere technische Umgebung ist eine Musterschau von Lösungen. Alle tragfähigen Konstruktionen wie Brücken, Hochspannungsmasten oder Kräne sind ausgesprochen »luftig« gebaut. Ein möglichst sparsames Gerippe aus Verstrebungen fängt die auftretenden Kräfte auf und reduziert zugleich Material und Gewicht.

Doch eben dieses Prinzip wird seit Jahrmillionen auch von der Natur erfolgreich praktiziert. Unsere stabilsten Knochen, wie beispielsweise der

Oberschenkelknochen, sind keineswegs massiv, sondern ziemlich hohl. So ist der Oberschenkelschaft als Röhre ausgebildet, aber auch der besonders beanspruchte obere Teil, der Oberschenkelhals, ist von einem Geflecht winziger Knochenbälkchen durchzogen, das ähnlich wie ein Schwamm zahllose Hohlräume freiläßt (Abb. 60). Wissenschaftlich heißt es denn auch »Spongiosa«, Schwammsubstanz. Trotzdem ist der Vergleich mit einem Schwamm denkbar schlecht, denn Knochenbälkchen und Hohlräume sind alles andere als zufällig angeordnet. Sie bilden ein ideales Strebesystem, wie es ein versierter Statiker nicht besser entwerfen könnte.

Darüber hinaus aber demonstrieren die Knochenbälkchen eine Fähigkeit, von der Statiker nur träumen können: Sie passen sich von selbst den herrschenden Kraftverhältnissen an. Wird der Knochen – etwa durch Krankheit oder Unfall – anders belastet als zuvor, dann ordnen sich auch die Knochenbälkchen um. An manchen Stellen lösen sie sich auf, an anderen Stellen wachsen neue, bis schließlich das Strebewerk der neuen Beanspruchung im wahren Wortsinn gewachsen ist. Die Natur arbeitet hier offensichtlich mit einer sich selbst optimierenden Leichtbauweise. Und sie kann dies, weil ihr Baumaterial lebendes Gewebe ist, das zwar ständig versorgt und entsorgt werden muß, das dadurch aber auch auf eine Änderung der Beanspruchung reagieren kann. Anpassung ist alles in der Natur!

Luftige Konstruktionen

Nirgendwo ist Leichtbauweise gefragter als in der Luft. Und nirgendwo ist sie perfekter verwirklicht als bei den Vögeln. Man spricht bei ihnen geradezu von pneumatisierten Knochen, weil sie größtenteils aus luftgefüllten Hohlräumen bestehen. Besonders gut läßt sich dies an Schädelkapseln sehen, wo die Leichtbauweise mitunter bis ins Extrem getrieben wurde. So besitzt der Waldkauz für seinen relativ großen Schädel eine äußerst »luftige« Knochenkonstruktion aus mehreren »Stockwerken«. Dabei ist zunächst gar nicht einzusehen, warum der Waldkauz einen so großen und vor allem so breiten Kopf haben muß. Für sein Gehirn hätte es auch ein kleinerer getan. Nicht jedoch für sein Gehör. Der Waldkauz jagt nachts seine Beute weitgehend nach Gehör und ist deshalb auf einen möglichst großen Abstand seiner Ohren angewiesen. Nur so kann sein Stereo-Schallortungssystem hinreichend genau funktionieren. Hier bedingt – wie so oft in der Technik – auch in der Natur eine Spitzenleistung die andere. Das außergewöhnliche Gehör bedarf einer außergewöhnlichen Schädelkonstruktion.

Die Parallelen zwischen Konstruktionen der Natur und menschlicher Technik sind nicht zu zählen. Von der Eisenbahnkupplung bis zur Flüssigkeitsrakete – es gibt kaum ein technisches Prinzip, das nicht in irgendeinem Organismus schon verwirklicht wäre. Und dennoch sind die Konstruktionen der Natur auf einen Blick von unseren technischen Produkten zu unterscheiden. Das typisch Organische eines Baumes, einer Raupe oder einer Menschenhand – worin besteht es eigentlich? Läßt sich irgendein grundlegendes Konstruktionsprinzip der Natur angeben, aus dem sich diese organische Formgebung erklären ließe?

Ein vielversprechender Ansatz wurde jüngst von der Arbeitsgruppe »Biologie und Bauen« am Institut für leichte Flächentragwerke in Stuttgart erarbeitet. Die Architekten, Biologen, Ingenieure dieser Gruppe, die sich seit einigen Jahren regelmäßig treffen, stellten ein recht merkwürdiges Gebilde in den Mittelpunkt ihrer Untersuchungen: den Pneu.

»Ein Pneu ist ein System«, so formuliert es der Architekt Frei Otto, »bei dem eine nur zugbeanspruchte Schicht ein Medium umhüllt.« Einfacher: eine Hülle, die eine Füllung umspannt. Unter die Kategorie Pneu fällt mithin ein aufgeblasener Luftballon ebenso wie ein praller Mehlsack oder ein Autoreifen. Letzterer macht eine herausragende Eigenschaft der Pneus deutlich: Sie können enorme Kräfte übertragen – wie das Gewicht eines PKW auf die Asphaltdecke. Weiterer Pneuvorzug: Sie eignen sich bestens für extreme Leichtbauweise. Über 10000 aufblasbare pneumatische Hallen demonstrieren es. Und die Spannweite von Pneus ist damit noch längst nicht ausgeschöpft. Frei Otto selbst hat eine Stadt in der Arktis entworfen, die wie eine Pflanze im Gewächshaus von einem riesigen Pneu überspannt wird. Technisch wäre dieser Superpneu bereits heute realisierbar.

Als die Wissenschaftler von »Biologie und Bauen« darangingen, nach Pneus in der Natur zu suchen, wurde ihre Überraschung zunehmend größer. Wohin sie auch sahen, überall entdeckten sie Pneus (Abb. 61). Organismen wie Raupen oder Regenwürmer, die unter innerem Flüssigkeitsdruck stehen, aber auch die prallen See-Elefanten oder Nilpferde stuften sie als wandelnde Pneus ein. Ebenso erkannten sie in den meisten Organen, wie Leber, Herz oder Nieren, typische Pneus, die Verformbarkeit mit Belastbarkeit vereinen. Und schließlich stellten sich die Zellen mit ihrer elastischen Zellwand und Zellflüssigkeit als elementare Pneus heraus. Das ist mehr als eine bloß nominelle Angelegenheit. Denn als Pneu – so folgerten die Wissenschaftler – kann die so weich aussehende Zelle große Kräfte aufnehmen und übertragen.

Die Natur also scheint bevorzugt mit Pneus zu bauen, und gerade dies dürfte das Unverkennbare und Eigentliche ihres Designs ausmachen. »Die Pneus sind die wesentliche Grundlage für die Formenwelt der lebenden Natur.« So lautet ein Kernsatz von »Biologie und Bauen«. Und es

61 Biologische Pneus: Schallblasen eines quakenden Frosches. Pneus sind ein wesentliches Bauelement der belebten Natur.

ist sicher kein Zufall, wenn auch technische Pneus meist etwas Kreatürliches an sich haben, wenn Schläuche an Schlangen erinnern, Säcke an Samenkapseln oder Tennishallen an Riesenamöben.

Könnten Architekten bei ihren pneumatischen Bauten nicht von vornherein die Natur zum Vorbild nehmen und von ihrer Milliarden Jahre langen Erfahrung profitieren? Frei Otto wehrt entschieden ab: »Kein Mensch in unserem Institut denkt daran! Die Pneus der Natur sind viel zu kompliziert und wären zudem maßlos teuer!«

Längst nicht alle biologischen Konstruktionen erweisen sich als so unerreichbar oder unnachahmlich wie Pneus. Mit der Bionik ist sogar eine eigene Wissenschaftsdisziplin entstanden, die biologische Systeme gezielt auf ihre technische Verwertbarkeit hin untersucht. Klassisches Beispiel: die Delphinhaut.

Daß Delphine hervorragende Schwimmer sind, ist bekannt. Aber sie schwimmen schlechterdings zu schnell – schneller nämlich, als ihnen die Strömungstheorie erlaubt. Bei ihrer Körpergröße von etlichen Metern und Spitzengeschwindigkeiten bis zu acht Meter pro Sekunde müßten sie längst im Bereich kräftig bremsender Turbulenz liegen. Auf irgendeine geheimnisvolle Weise jedoch scheinen Delphine die Strömungsgesetze zu überlisten und schießen wirbelfrei durchs Wasser. Das Geheimnis liegt zunächst einmal in der raffinierten Stromlinienform ihres Körpers, wo die dickste Stelle über die Körpermitte nach hinten verlegt ist. Dadurch wird die Gefahr der Wirbelbildung herabgesetzt und auf die Schwanzgegend beschränkt.

Was den Delphinen recht ist, müßte unseren Flugzeugen billig sein. Längst haben die Biotechniker darauf hingewiesen, daß Flugzeugrümpfe durch eine ähnliche Formgebung strömungstechnisch wesentlich zu verbessern wären, aber dem stehen offenbar produktionstechnische Gesichtspunkte oder Fragen der Transportkapazität entgegen. Bis heute dominiert der röhrenförmige Rumpf.

Der entscheidende Trick der Delphine besteht jedoch im Aufbau ihrer Haut: Außen ist sie glatt und elastisch, darunter liegt eine knapp zwei Millimeter starke »Schwammschicht«, die von einem System feinster Kanäle voll Wasser und schwammiger Masse durchzogen ist. Dann erst kommt die stabile, schützende Lederhaut. Der deutschamerikanische Aerodynamiker Kramer hat die so strukturierte Delphinhaut technisch nachgebaut und erreichte tatsächlich eine Verminderung des Strömungswiderstandes auf die Hälfte. Offenbar unterdrückt die Schwammschicht das Entstehen von Wirbeln. Bevor sie sich recht entfalten können, werden sie über Druckschwankungen auf das bewegliche Flüssigkeitssystem übertragen und dort gleichsam aufgefangen.

Was die Natur allerdings bei jedem Delphin treffsicher konstruiert, haben die Biotechniker bis heute noch nicht richtig im Griff. Das Zusammenspiel von geometrischer Körperform, Geschwindigkeit und Struktur der Delphinhaut ist so delikat, daß die Nachahmung tatsächlich nur in seltenen Fällen wirklich gelingt. Eine praktische Anwendung für Schiffskörper dürfte noch in weiter Ferne liegen.

Eher läßt sich da schon der Einfall mit dem Schleim kopieren. Der Schleim an der Oberfläche von Fischen ist eine andere Lösung der Natur für das gleiche Problem: den Strömungswiderstand und damit den Energieverbrauch im Wasser möglichst geringzuhalten. Fischschleim besteht aus Fadenmolekülen, die bis zu einem zehntel Millimeter lang sein können. Gleichsam als mikroskopischer Pelz überziehen sie die Fischhaut und hemmen ebenfalls die bremsende Wirbelbildung. Genauer: Sie verhindern die Neigung von Wirbeln, ihrerseits sofort neue Wirbel zu entfachen.

Offensichtlich reicht die Phantasie der Schöpfung aus, auf völlig verschiedene Weise zu ähnlichen Resultaten zu kommen – wenn das Resultat sehr wichtig ist. Delphine als Abkömmlinge ehemaliger Landsäugetiere hatten die Fähigkeit zum Schleimüberzug längst und für immer eingebüßt. Sie mußten, als sie ins Wasser zurückwanderten, sich etwas Neues gegen Turbulenz einfallen lassen. Die Delphinhaut ersetzt gewissermaßen den »Schleimpelz« der Fische.

Der Gedanke liegt nahe, die Schmiertechnik der Fische zu übernehmen, wenn es darum geht, Reibungsverluste im Wasser zu verringern. Immerhin gibt es Segler, die ihr Boot aus diesem Grund »einwachsen«. Ein Regattasegler soll seine Jolle vor dem Start sogar mit Eiweiß eingeschmiert haben. Und selbst im Schwimmsport wird über reibungsmindernde »Gleitsalben« diskutiert.

Professor Ingo Rechenberg, Leiter des Instituts für Bionik und Evolutionstechnik an der TU Berlin, wollte es genau wissen und experimentierte mit natürlichen und technischen Schleimstoffen. Zunächst mischte er einem Wasserstrahl, der seinerseits durch ein Wasserbecken strömte, etwas Schleim bei und beobachtete, wie sich die Strömung veränderte. Tatsächlich blieb der Wasserstrahl wesentlich glatter und strahlförmiger. Die Fadenmoleküle des Schleims unterdrückten seine Verwirbelung (Abb. 62, 63).

Aber schon beim nächsten Schritt in Richtung Fischvorbild, als ein Strömungskörper mit Schleim überzogen werden sollte, um seine Fallgeschwindigkeit durch einen Wassertank zu messen, gab es Schwierigkeiten. Nach ein paar Fallversuchen war die Schleimhaut, zum großen Ärger der Experimentatoren, schon wieder abgewaschen. Wie sollte man die Versuche aus der Sackgasse herausführen? Der Ausweg, den die Wissenschaftler schließlich fanden, kann als typisch für die Denkweise der Bionik angesehen werden: Sie rückten noch näher an das natürliche Vorbild heran und nahmen einen lebenden Schlei in ihr Labor auf. Und als sie jetzt Fisch- und Fallkörper direkt aneinander rieben, wurde der Schleimüberzug dauerhafter. Es kommt auch – so folgerten die Experimentatoren – auf die tieferen Schleimschichten an, die anscheinend für die Haftung verantwortlich sind. Der hautnahe Schleim jedenfalls zeigte nach mehr als hundert Metern Wasserweg noch Wirkung: Er reduzierte den Strömungswiderstand um zehn bis zwanzig Prozent.

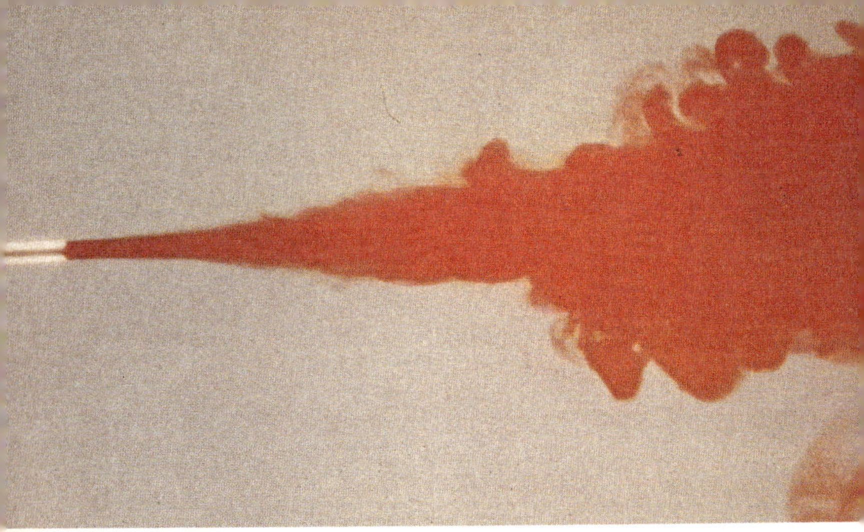

62 Verwirbelung eines gefärbten Wasserstrahls beim Durchfluß durch ein Wasserbecken.

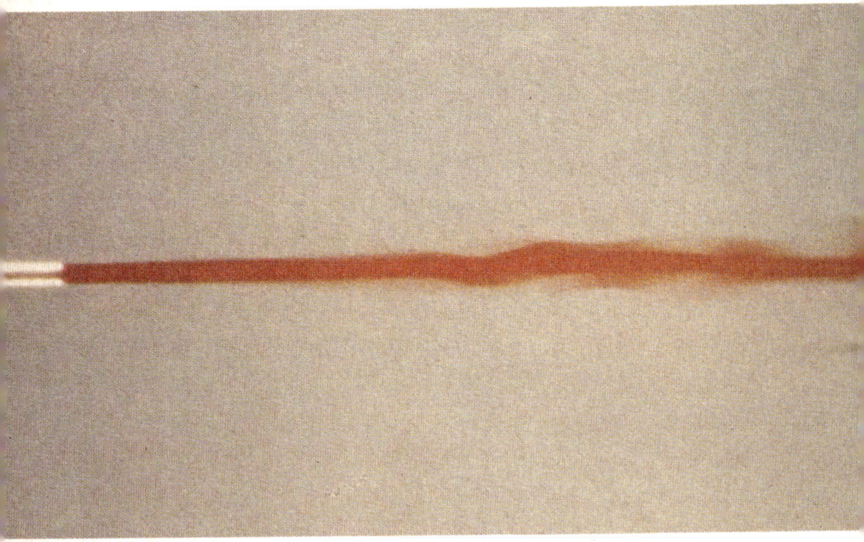

63 Derselbe Wasserstrahl nach Zugabe künstlicher Schleimstoffe. Die Wirbelbildung wird stark verringert.

Die genialen biologischen Konstruktionen der Natur sind das Resultat eines riesigen Experiments. Dauer: drei Milliarden Jahre. Experimentierfeld: die Erdoberfläche. Wie das Experiment in seinen einfachsten Grundzügen abläuft, erkannte schon vor 150 Jahren Charles Darwin in seiner Evolutionstheorie: Kleine, zufällig auftretende Erbsprünge werden von der Umwelt ausgelesen. Die vorteilhafteren setzen sich gegenüber den weniger vorteilhaften durch. So optimiert die Natur ihre Konstruktionen.

Und wenn sie dies Jahrmilliarden lang in unzähligen Verbesserungsschritten durchgeführt hat, dann kann man davon ausgehen – dies der Standpunkt der Bioniker –, daß ihre Geschöpfe mit den bestmöglichen Lösungen ausgestattet sind. Daher die Legitimation, bei der Natur in die Schule zu gehen, auch wenn sie nur selten nach exakt den gleichen Gesichtspunkten optimiert, wie sie von Entwicklungsingenieuren gefordert sind. Die Natur braucht sich schließlich nicht an Investitionskosten, Arbeitsaufwand oder Endpreis zu orientieren.

Seit einigen Jahren aber gehen die Bioniker noch einen Schritt weiter. Sie versuchen, nicht nur die Resultate der Natur, sondern ihre Konstruktionsmethode selbst zu übernehmen. Das klingt, angesichts der genannten Zeit- und Raumdimensionen, in denen Evolution abläuft, abenteuerlich. Doch die Ergebnisse sind verblüffend.

Die Wissenschaftler um Ingo Rechenberg in Berlin stellten sich die Aufgabe, ein optimales »Rohrknie« zu entwickeln. Es sollte das Wasser um 90 Grad umlenken und dabei möglichst wenig Strömungsverluste verursachen. Welche Form muß ein solcher Rohrkrümmer haben? Ein Viertelkreis? Oder eine kompliziertere Form? Den Wissenschaftlern war es ziemlich egal. Es ging ihnen allein darum zu testen, ob dieses technische Problem nach der Arbeitsweise der Evolution zu lösen ist – also durch Erzeugen zufälliger Variationen und Aussondern der ungünstigen.

Selbstverständlich schied die Möglichkeit aus, mit lauter Einzelorganismen, also mit unzähligen unterschiedlichen Rohrkrümmern zu experimentieren. Eine derartige Materialverschwendung bleibt der Natur vorbehalten. Man behalf sich mit einem einzigen, jedoch biegsamen Krümmer, dessen Form nach Belieben zu verändern war: mit einem Plastikschlauch.

Abbildung 64 zeigt den wesentlichen Teil des Versuchsaufbaus. Die Krümmung des Schlauchknies wird durch sechs verschiebbare Führungsstangen eingestellt und verändert. Dabei dient die untere Schlauchkrümmung lediglich als Vergleichsgröße – sie ist exakt als Viertelkreis eingestellt. Frage also: Läßt sich für die obere Rohrkrümmung eine Form finden, die besser ist als ein Viertelkreis? Besser – das bedeutet, daß bei gleichem Wasseranschluß die Durchströmgeschwindigkeit höher ist. Ein

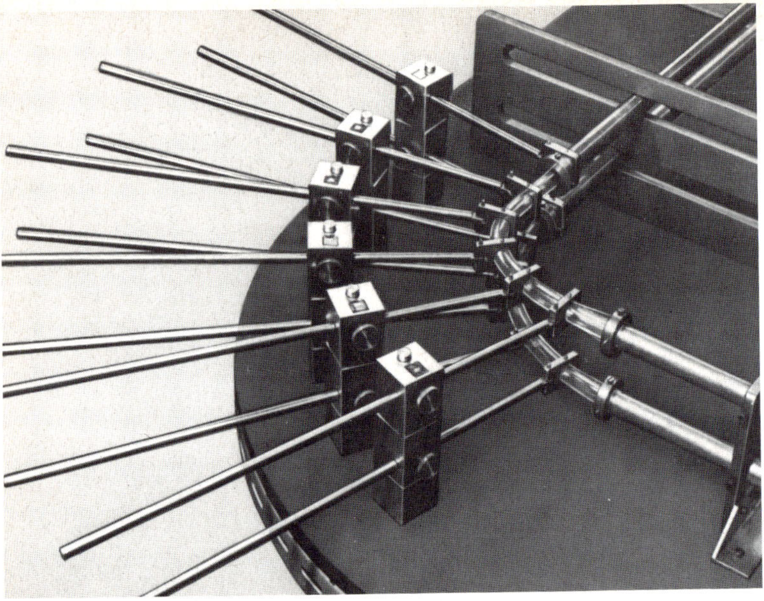

64 Versuchsanordnung zur Bestimmung der günstigsten Form für einen Rohrkrümmer.

Manometer zeigt diese Verbesserung oder auch eine Verschlechterung direkt an.

Die Ausgangsform zu Beginn des Experiments ist eine Viertelkreiskrümmung, wie sie auch das Vergleichsrohr aufweist. Dann wird die erste Mutation, der erste Erbsprung durchgeführt. Man verschiebt dazu eine Stange um einen kleinen Zufallsbetrag, den man erwürfeln oder aus einer Zufallstabelle entnehmen kann. Verschlechtert sich, laut Manometeranzeige, das Resultat, so war die Mutation negativ. Wie in der Natur, soll sie auch hier aussterben, das heißt, sie wird rückgängig gemacht. Der nächste Erbsprung fällt vielleicht positiv aus, dann überlebt die Mutation. Die Stangeneinstellung bleibt erhalten.

So entwickelt sich die Krümmungsform in kleinen Schritten. Sie schreitet gleichsam von Generation zu Generation fort (Abb. 65). Die natürliche Auslese wird dabei durch die Manometeranzeige bestimmt, die Mutationen durch die Zufallsverschiebungen der Stangen – wobei eine Zufallsverteilung einzuhalten ist, die, wie in der Natur, große Erbsprünge nur selten, kleine dagegen häufiger auftreten läßt.

Nach rund 300 Mutationen hat sich der Rohrkrümmer zu einer verblüffenden und völlig unerwarteten Bestform entwickelt. Diese ist von

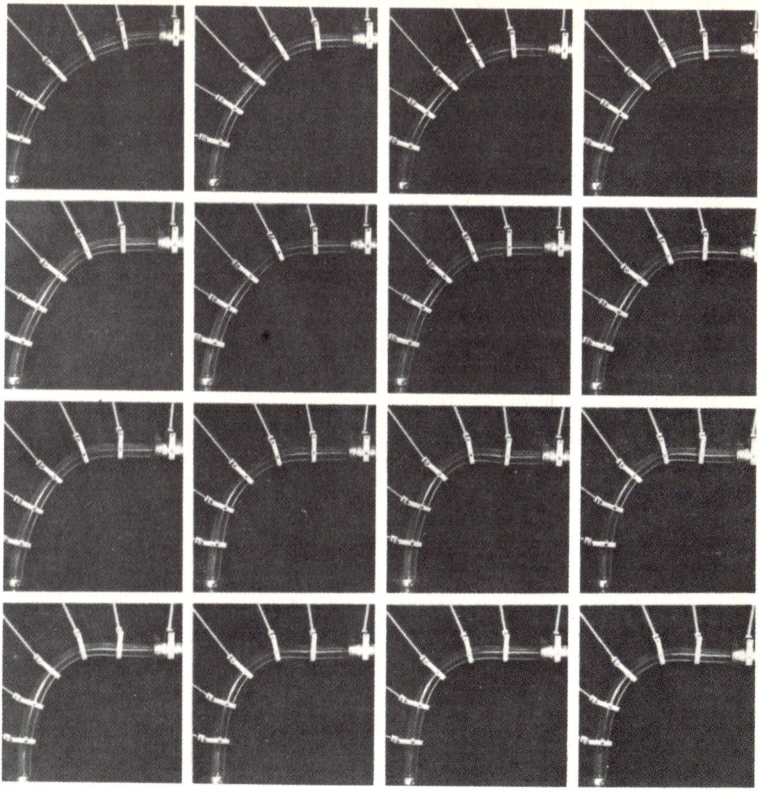

65 Evolution eines Rohrknies. Der Viertelkreis (links oben) verbessert sich in kleinen Schritten zur Idealform (unten rechts).

einem Viertelkreis deutlich unterschieden. Die Krümmung nimmt zunächst stetig zu, aber auf dem letzten Stück ist das Rohr dann sogar entgegengesetzt gekrümmt (Abb. 66). Was es mit diesem »Rückschlenker« auf sich hat, ist noch ungeklärt. Fest steht jedoch, daß er wesentlich zur optimalen Form beiträgt; eine Begradigung des Auslaufs würde sofort wieder das Resultat verschlechtern. Insgesamt, so ergaben die Messungen, sind die Strömungsverluste um zehn Prozent geringer als beim klassischen Viertelkreis-Rohrknie.

Weit erstaunlicher aber als das Ergebnis selbst ist die Methode, nach der es zustande kam. Es gibt rund zehn Milliarden verschiedener Einstellmöglichkeiten der Führungsstangen. Wollte man die optimale darunter durch blindes, wahlloses Probieren herausfinden, so müßte man 10000 Jahre lang ununterbrochen experimentieren. So aber, indem man

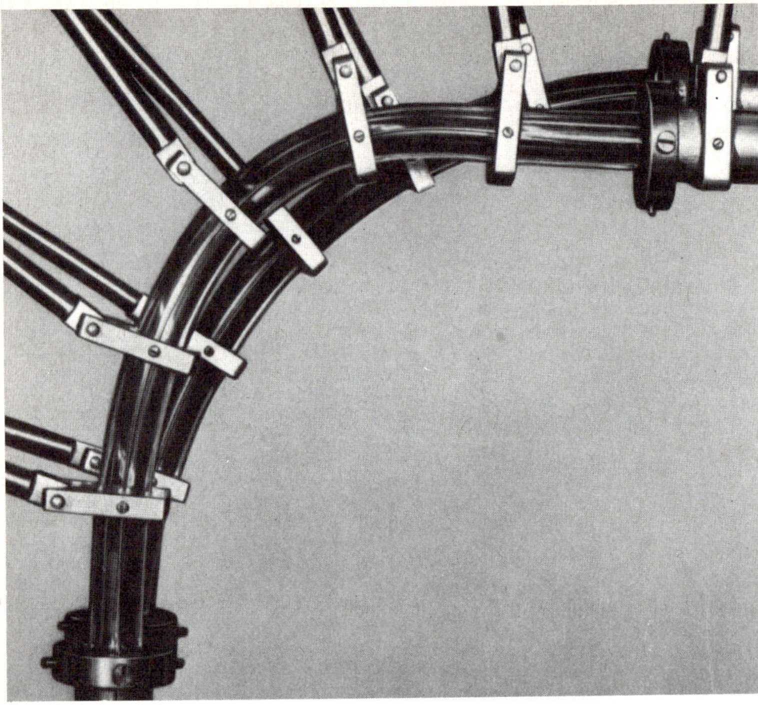

66 Ausgangsform und Endform (vorn). Beide erbringen eine Umlenkung um 90 Grad. Aber die Optimalform hat 10 Prozent weniger Strömungsverluste.

die Methode der Evolution kopiert und schrittweise auf kleinen Verbesserungen aufbaut, kommt man bereits an einem Nachmittag ans Ziel.

Daß dieses bei der Evolution entlehnte Verfahren durchaus praktisch zu nutzen ist, zeigt ein weiteres Beispiel. Ebenfalls im Institut für Bionik und Evolutionstechnik sollte die günstigste Form einer Spezialdüse ermittelt werden. Der Fall lag insofern äußerst kompliziert, als die Düse von einem Flüssigkeits-Gasgemisch durchströmt werden sollte. Rechnerisch war das Problem nicht zu lösen. So verfiel man auf die Evolutionsmethode und baute eine Düse, deren Gestalt durch das Auswechseln von Segmenten zu verändern war.

Aus theoretischen Erwägungen schien eine Form mit einem langen Einlauftrichter besonders günstig zu sein. Man startete also mit einer derartigen Düsenform (Abb. 67 oben). Aber im Laufe des Experiments zeigte sich, daß die theoretischen Erwägungen dem Entwicklungsverfahren der Evolution nicht gewachsen waren: Schritt für Schritt wurde der lange Einlauftrichter abgebaut und verkürzt. Zudem entstanden seltsame

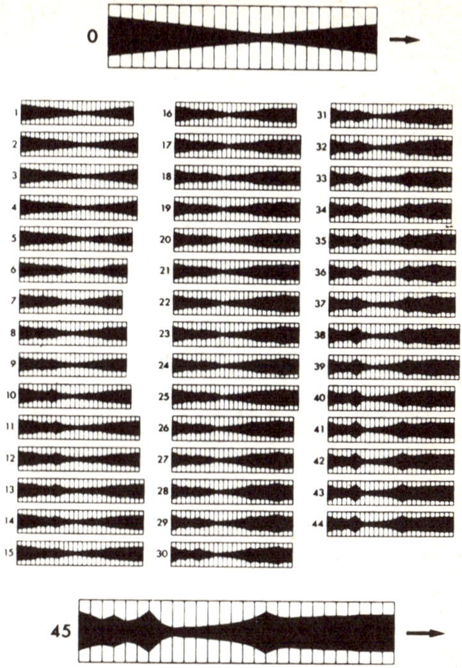

67 Entwicklung einer Düse nach der Methode der Evolution. Oben die Ausgangsform. Unten die Bestform, die über 45 kleine Verbesserungen (positive Mutationen) erreicht wurde.

Ausbuchtungen und Einschnürungen, deren Sinn unmittelbar gar nicht einzusehen war. Aber im Endeffekt entstand eine Düse, deren Wirkungsgrad um 50 Prozent höher lag als bei der Ausgangsform (Abb. 67 unten). Deutlicher läßt sich kaum demonstrieren, wie wirkungsvoll die Zufallsmethode der Natur arbeitet, und wie sie selbst unseren vielgerühmten technischen Verstand zu deklassieren imstande ist.

Der optimale Weg zum Optimum

Allerdings sind all diese Erfolge an eine Voraussetzung geknüpft, die man gern übersieht, ohne die aber das Prinzip von Mutation und Selektion gar nicht funktionieren könnte – weder in der Evolution noch bei der technischen Nachahmung. Es handelt sich um das Problem der richtigen Mutationsrate.

Im technischen Beispiel des Rohrkrümmers hieße das, die richtige Schrittweite der Veränderungen zu finden. Was bedeutet hier »eine kleine Zufallsänderung«? Soll man die Stangen in der Größenordnung von Millimetern verschieben? Oder um Zentimeter? Oder muß man gar die Schrittweite im Laufe des Experiments verändern?

Tatsächlich ist diese Frage entscheidend. Denn macht man die Mutationsschritte zu groß, dann schwankt die Entwicklung der Rohrform viel zu sehr, um sich jemals auf die Optimalform einzupendeln. Sind andererseits die Schrittweiten zu klein, so kommt die Entwicklung kaum voran und läuft vor allem Gefahr, sich in einem Nebenoptimum festzufahren. Es sind ja Rohrkrümmungen denkbar, die zwar günstiger sind als alle benachbarten, durch kleine Schritte erreichbaren Formen, die aber selbst noch nicht die absolute Bestform darstellen. In diesem Fall können nur größere Schritte aus der Sackgasse heraushelfen.

Vor genau demselben Problem stand die Natur. Die Evolution ließ nur einen engen Spielraum für die Mutationsrate zu. Sie durfte nicht zu hoch und nicht zu tief liegen, sondern mußte genau in das »Evolutionsfenster« fallen, wie es Ingo Rechenberg nennt. Dies aber stellt die Natur vor ein gravierendes Problem. Mutationen sind in erster Linie die Folge äußerer Einflüsse, wie Radioaktivität oder Höhenstrahlen, also vorgegebene Größen. Wie will man die Häufigkeit von Mutationen regulieren? Hätte die Evolution keine Antwort gefunden, steckte sie bis heute noch in ihren Anfängen.

Aber sie fand eine Lösung. Sie erfand für jede Zelle Reparatursysteme, die in der Lage sind, Mutationen auszubessern, zu heilen. Ein großer Teil unseres genetischen Materials besteht aus »Reparaturgenen«, die diese Ausbesserungsarbeit in die Wege leiten und steuern. So kann die Mutationsrate mehr oder weniger gedrosselt werden. Mit anderen Worten: Die Mutationsrate wurde selbst zum Erbmerkmal.

Damit aber – das ist die zwangsläufige Folge – ist auch sie den Gesetzen der Evolution unterworfen. Die Mutationsrate selbst wird durch Mutation und Selektion optimiert – derart, daß eine Art, deren Mutationsfähigkeit außerhalb des Evolutionsfensters liegt, automatisch nach und nach ausstirbt.

Mehr noch: Zwangsläufig wird jene optimale Lage des Evolutionsfensters gefunden, die das schnellste Fortschreiten der Evolution garantiert. So nimmt in Zeiten hohen Anpassungsdrucks die Mutationsfähigkeit automatisch zu, weil Nachkommenslinien mit dieser Fähigkeit genetisch wandlungsfähiger sind und damit eine größere Chance zur Anpassung und zum Überleben haben. Umgekehrt wird die Mutationsfähigkeit dann ein Minimum annehmen, wenn ein Organismus optimal an seine Umwelt angepaßt ist und jede Veränderung der Mutationsrate die Überlebenschance nur herabsetzen würde. Auf eine Kurzformel gebracht: Die Evolution favorisiert diejenige Mutationsfähigkeit, die schnellste Anpassung gewährleistet.

Exakt diese Strategie aber liefert auch bei technischer Nachahmung der Evolution die günstigste Mutationsrate, das heißt jene Schrittweite, die am schnellsten zum Ziel führt. Wie in der Natur, die stets mit vielen

Nachkommen arbeitet, hat man dazu den Übergang von einer Generation zur nächsten mehrmals durchzuspielen – jedesmal mit einer etwas anderen Schrittweite. Die Schrittweite mit dem größten Erfolg wird beibehalten. Nicht anders als in der biologischen Evolution. Und wie dort wird sich die Schrittweite automatisch den Bedürfnissen anpassen. Kommt man beispielsweise in die Nähe des Optimums, so wird sie sich selbstregelnd verkleinern: Der Rohrkrümmer, der schon fast die Idealform erreicht hat, kann nur noch durch winzige Änderungen verbessert werden.

Eindeutig zeigt sich: Je genauer man die Strategie der Evolution kopiert, um so schneller kommt man ans Ziel. Und dies bedeutet, daß die Strategie der Evolution nicht nur zu optimalen Resultaten führt, sondern sogar den optimalen Weg zu eben diesen Resultaten findet. Gewiß, wir kennen die Prinzipien, nach denen dies zwangsläufig so abläuft. Nirgendwo ist eine zielgerichtete, planende Intelligenz auszumachen, wie wir sie für uns beanspruchen. Aber schöpferisch, phantasievoll und genial ist das allemal – warum nicht intelligent? Es ist wohl nur eines unserer selbstüberheblichen Vorurteile, daß Intelligenz und Phantasie erst mit denkenden Gehirnen, erst mit uns in die Welt kamen.

Unsterblichkeit wird nicht geboten
Probleme der Alternsforschung

Als er die gefrorenen Frösche sah, durchfuhr es ihn heiß. Nur für ein paar Minuten hatte der Wissenschaftler am Physiologischen Institut in Kiel den Eisschrank kälter stellen wollen – das Bier war wirklich zu warm gewesen! Aber nun war es passiert: Nicht Minuten, sondern Stunden hatte das Aggregat auf »Null Grad« gestanden, und alle kostbaren Versuchsfrösche lagen leblos, vom Eis umschlossen, in ihrer Plastikwanne (Abb. 68). Der Fall schien hoffnungslos. Aber offenbar war das Blut der Tiere noch nicht gefroren, und mitunter glaubte der Wissenschaftler sogar, einzelne Pulsschläge wahrzunehmen. Er beschloß, die Frösche noch nicht verlorenzugeben, und machte sich daran, sie langsam aufzutauen. Er beobachtete, wie das Eis schmolz, wie sich die Herzschläge der Tiere allmählich beschleunigten und wie ihr wiedergewonnenes Froschleben sich schließlich in einem kräftigen Sprung äußerte.

Die Frösche setzten ihr Dasein fort, als wäre nichts geschehen. In Wahrheit hatten sie für einige Stunden mit dem Leben »pausiert«. Ihre Körperfunktionen waren äußerst verlangsamt abgelaufen, hatten praktisch stillgestanden. In anderen Worten: Die Frösche hatten einen Zeitraum von mehreren Stunden übersprungen.

Ähnliches wird von Molchen berichtet, die sich im Frostboden Sibiriens fanden. Aber hier soll es sich gleich um Zeitsprünge von Jahrzehnten oder gar Jahrtausenden handeln. Der Rekord wird einem Molch zugeschrieben, der acht Meter tief aus dem Boden »steif wie ein Eiszapfen« ausgegraben worden sein soll. Das Erdreich, an dieser Stelle seit mindestens 5000 Jahren gefroren, muß ihn ebensolange eingeschlossen haben. Nach dem Auftauen aber soll das Tier wieder erwacht sein, begierig Wasser getrunken und drei Wochen lang munter gelebt haben.

Obwohl westliche Wissenschaftler meist skeptisch auf derartige sibirische Rekorde reagieren, setzt gerade in den USA eine Gruppe von Menschen auf eben dieses Phänomen, um ihrem eigenen Tod zu entfliehen. Es handelt sich um Menschen, die sich unmittelbar nach ihrem Ableben in Flüssig-Stickstoff-Tanks einfrieren ließen – in der Hoffnung, dereinst wieder, wenn die Medizin fortgeschritten sei, erweckt und von ihrer Todesursache befreit zu werden.

Man mag diese »Tiefkühlbeerdigung« belächeln und als typisch ameri-

Rechte Seite

68 In einen Eisblock eingefrorener Frosch. Die angeschlossenen Drähte dienen zur Ableitung der – sehr verlangsamt ablaufenden – Herzschläge. Langsam aufgetaut erwachte das Tier wieder zu normalem Leben.

kanisch abtun, sie ist nur eine extreme Variante in dem Bemühen, die uns gesetzte Lebensspanne zu überschreiten, den Ausschnitt persönlicher Erlebnisse und Erfahrungen über das normale Maß von 70 oder 80 Jahren auszuweiten. Was wäre verständlicher?

Und schließlich zeigt die bisherige Menschheitsgeschichte, daß die mittlere Lebenserwartung keine fixe Größe ist, sondern sich durchaus nach oben verschieben läßt.

Wie alt wurden die Römer?

Ein bronzezeitlicher Jäger wurde – im Durchschnitt gesehen – nicht älter als 18 Jahre. Ein Römer um 100 v. Chr. erreichte 22 Jahre. Im Mittelalter ein Anstieg auf 33 Jahre. Um 1880 etwas mehr: 37 Jahre. Bis Anfang unseres Jahrhunderts eine weitere Steigerung auf 47 Jahre. Und dann kam der große Sprung: Die heutige Lebenserwartung liegt in Deutschland etwa bei 72 Jahren.

Im ersten Augenblick ist man versucht zu folgern: Wenn die Menschen in der Vergangenheit immer älter wurden, warum soll jetzt gerade Schluß sein; das Lebensalter wird weiter steigen. Doch damit wären die bisherigen Erfolge falsch interpretiert. Sie beruhen ja nicht auf einer Ausweitung der natürlichen biologischen Lebensspanne, sondern auf der Einschränkung eines vorzeitigen Todes. Auch in der Steinzeit gab es achtzigjährige Greise – nur weitaus seltener. Ernährung, Hygiene, Medizin erlaubten es später immer mehr Menschen, Krankheiten und Unfälle zu überstehen und die biologisch mögliche Lebensspanne auch auszuschöpfen. Und sicher ist diese Entwicklung noch nicht völlig abgeschlossen: Gelänge es beispielsweise, alle Arten von Herz- und Kreislauferkrankungen auszurotten, so stiege die Lebenserwartung abermals um zwei Jahre. Aber an der biologischen Lebensspanne würde das wiederum nichts ändern.

Ist hier überhaupt eine Einflußnahme denkbar? Läßt sich unser Altern selbst in irgendeiner Weise verlangsamen oder steuern? Und wie steht es um den Menschheitstraum von der Unsterblichkeit?

Leben die Großen länger?

Schon vor 200 Jahren fragte sich der französische Naturforscher Georges Buffon, warum die Tiere wohl so unterschiedlich alt würden, er vermutete eine Gesetzmäßigkeit zwischen Reifezeit und Lebenszeit. Rund sechsmal länger als die Zeit des Reifens und Wachsens sollte die gesamte Lebensspanne eines Tieres sein – beim Buchfink nicht anders als beim Nashorn. Abgesehen davon, daß diese Beziehung in vielen Fällen nicht zutrifft, wurde das eigentliche Problem auch nur verschoben: Warum dauert beim einen die Reifezeit länger, beim anderen kürzer?

Ein anderer Ansatz scheint sich aus der Größe der Tiere zu ergeben. Ein Elefant lebt rund 70, eine Maus nur drei Jahre. Warum eigentlich? Mißt man bei beiden Tieren den Pulsschlag, so kommt man auf ein interessantes Resultat: Das Elefantenherz schlägt etwa 25mal pro Minute. Das sind im Laufe eines 70jährigen Elefantenlebens rund eine Milliarde Herzschläge. Das Mäuseherz pocht wesentlich schneller, etwa fünfhundertmal in einer Minute. Und wenn man auch dies auf ein Mäuseleben von drei bis vier Jahren umrechnet, so kommt man ungefähr auf dieselbe Zahl von Herzschlägen: eine Milliarde.

Sollte die Lebensspanne durch eine bestimmte Ration von Herzschlägen begrenzt sein? Das kurze Leben einer Maus wäre dann damit zu begründen, daß sie einen schnelleren Stoffwechsel besitzt und ihre Herzschlagration dementsprechend schneller verbraucht. Und in der Tat muß der Stoffwechsel einer Maus viel aktiver ablaufen als der eines größeren Warmblüters – aus rein geometrischen Gründen. Je kleiner ein Tier, um so größer ist sein Verhältnis von Oberfläche zu Volumen, um so größer also auch die Wärmeverluste an die Umgebung. Die Maus muß dies durch einen höheren Energieumsatz und durch einen schnelleren Stoffwechsel wieder wettmachen.

Daß diese Verhältnisse zwangsläufig für alle, auch nichtbiologische Körper, gelten, läßt sich recht einleuchtend an einer großen und einer kleinen Ansammlung von Glühbirnen zeigen: Der eine Körper besteht gewissermaßen aus 120 Glühbirnen-Zellen, der andere dagegen nur aus 30. Obwohl jede Glühbirne gleich hell brennt, also gleich viel Wärme erzeugt, ist die Temperatur im Innern des großen Körpers wesentlich höher als im kleinen Körper, wo die Wärme schneller nach außen abfließt. – Auf Elefantenverhältnisse übertragen hieße dies, daß ein Elefant mit dem Stoffwechsel einer Maus eine derart hohe Körpertemperatur bekäme, daß er sich buchstäblich selber grillen würde.

Ohne Zweifel also sind Körpergröße und Stoffwechselgeschwindigkeit bei Warmblütern eng miteinander verknüpft. Dennoch geht die naheliegende und einfache Gleichung: je größer, desto langlebiger – nicht recht auf. Bei der folgenden Zusammenstellung einiger Lebensalter zeigt sich, daß die Vögel, die ja ebenfalls Warmblüter sind, insgesamt aus der Reihe tanzen: Auch wenn sie kleiner sind als Säugetiere, erreichen sie ein wesentlich höheres Alter. Und der nur mittelgroße Papagei teilt sich die Methusalemrolle mit dem Adler.

Durchschnittliche Lebensspanne (Jahre)					
Maus	3–4	Singvogel	10	Karpfen	40
Hund	12	Taube	40	Hummer	50
Pferd	20	Gans	70	Stör	100
Löwe	23	Adler	100	Riesen-schildkröte	100
Elefant	70	Papagei	100	Seeanemone	100

Bis heute gibt es keine plausible Erklärung, warum das natürliche Lebensalter der Organismen so unterschiedlich ausfällt, warum der Stör etwa 100, der Karpfen aber nur 40 Jahre schafft – trotz der vielen bunten Legenden, die sich um ururalte Karpfen ranken.

Den Altersrekord aller Lebewesen hält eine Pflanze, der Mammutbaum Sequoia Gigantea. Bis zu 4000 Jahresringe hat man an den Stämmen gezählt. Aber strenggenommen ist dies kein ganz sauberer Rekord, denn der weitaus größte Teil des Organismus ist tot, besteht aus abgestorbenen, zu Holz gewordenen Zellen. Nur ein dünner Zellkranz, direkt unter der Rinde, lebt und teilt sich. Der riesige Rest ist gleichsam eine Leiche.

Das andere Extrem – und nicht weniger ein Rekord – sind die Einzeller. Sie teilen sich, vermehren sich, ohne daß dabei eine Leiche zurückbliebe. An die Stelle des Todes tritt Verdopplung, was zum Begriff von der potentiellen Unsterblichkeit der Einzeller geführt hat. Selbstverständlich und glücklicherweise stoppen äußere Umstände irgendwann diese Vermehrung, aber die Zellteilungsfähigkeit scheint unbegrenzt.

Damit aber ist das Stichwort gefallen, das die gesamte moderne Alternsforschung beherrscht: die Teilungsfähigkeit der Zellen. Es ist eine der grundlegenden Erkenntnisse der Gerontologie, daß Lebenserwartung und Zellteilungsfähigkeit eng miteinander verknüpft sind. Das Altern unseres Organismus beruht letztlich auf dem Altern unserer Zellen. Diese Entdeckung wurde möglich durch eine erstaunliche, fast unheimlich anmutende Fähigkeit unserer Zellen.

Das Hayflick-Phänomen

Unsere Körperzellen sind in der Lage, auch außerhalb unseres Körpers zu wachsen und sich zu vermehren, wenn man ihnen geeignete Bedingungen verschafft. Dazu wird dem Körper etwas Gewebe entnommen, beispielsweise ein Stückchen Haut, und mit Hilfe eines eiweißspaltenden Ferments in einzelne Zellen zerlegt. Diese Hautzellen kommen zusammen mit einer Nährflüssigkeit in ein Glasgefäß und werden im Brutschrank bei vertrauter Temperatur von 37 Grad gehalten. Schon nach wenigen Stunden fangen sie an, sich zu teilen. Sie vermehren sich – tagelang, wochenlang, wenn man ihnen genug Raum gibt – ähnlich wie einzellige Organismen. Jedoch mit dem entscheidenden Unterschied: Nach einer bestimmten Teilungszahl ist Schluß! Dann stellen die Zellen ihre Teilungsschritte ein, hören mit dem Stoffwechsel auf und sterben.

Entdecker dieses Phänomens ist der Mikrobiologe Leonard Hayflick von der Stanford University School of Medicine. Er stellte fest, daß sich menschliche Bindegewebszellen ungefähr fünfzigmal verdoppeln, dann aber grundsätzlich mit der Teilung aufhören. Die Lebensspanne dieser Zellen – so folgerte er – ist durch fünfzig Teilungsschritte begrenzt.

Hayflicks Ergebnisse wurden von vielen seiner Kollegen zunächst als Artefakte, als Laboreffekte, angesehen. Doch zahllose Kontrollexperimente auf der ganzen Welt bekräftigten die Entdeckung. So wurden beispielsweise die Zellen nach 20 Teilungsschritten in Flüssigstickstoff eingefroren, das Zählwerk mithin angehalten, und erst nach mehreren Jahren wieder aufgetaut – mit dem Ergebnis, daß die Zellen ihre Teilungsaktivität wieder aufnahmen und die noch fehlenden 30 Teilungen nachholten. Mit 50 Teilungsschritten aber war ihre Uhr wieder abgelaufen.

Kein Zweifel: Bei isolierten Zellen, in einer Zellkultur also, ist der Teilungsvorrat begrenzt und abgezählt. Aber wieweit gilt dies für die Zellen eines gesamten Organismus? Sind auch die Bindegewebszellen in unserem Körper auf 50 Teilungen festgelegt?

Offensichtlich ist es so. Denn wenn man einem Zwanzigjährigen ein Stückchen Haut ausstanzt und die einzelnen Zellen im Glasgefäß auswachsen läßt, dann machen sie noch 40 Teilungen durch. Bei einem Vierzigjährigen sind es nur noch 30, bei einem Sechzigjährigen noch 20 Teilungsschritte.

Im Durchschnitt gesehen teilen sich Bindegewebszellen im Körper also alle zwei Jahre, aber auch hier läuft das Zählwerk mit: Nach 50 Teilungen ist Schluß. Das also beschränkt unser Leben! Der abgezählte Teilungsvorrat unserer Zellen bestimmt unsere biologische Lebensspanne.

Entsprechendes gilt bei anderen Lebewesen. Ein Kaninchen erlebt 40 Teilungen seiner Bindegewebszellen, eine Ratte 20, und dem kurzen Leben einer Maus ist durch acht Zellteilungen ein Ende gesetzt. Alle Lebewesen sind sterblich, weil ihre Zellen sterblich sind. Aber es gibt berühmt-berüchtigte Ausnahmen.

Unsterblichkeit ist tödlich

Fast jedes genetische oder biochemische Institut hält sich heute sogenannte HeLa-Zellen. Es sind menschliche Zellen, die, wie andere Zellen auch, tiefgekühlt bei minus 80 Grad beliebig lange aufbewahrt werden können. Taut man sie auf, so erwachen sie zum Leben und beginnen, sich

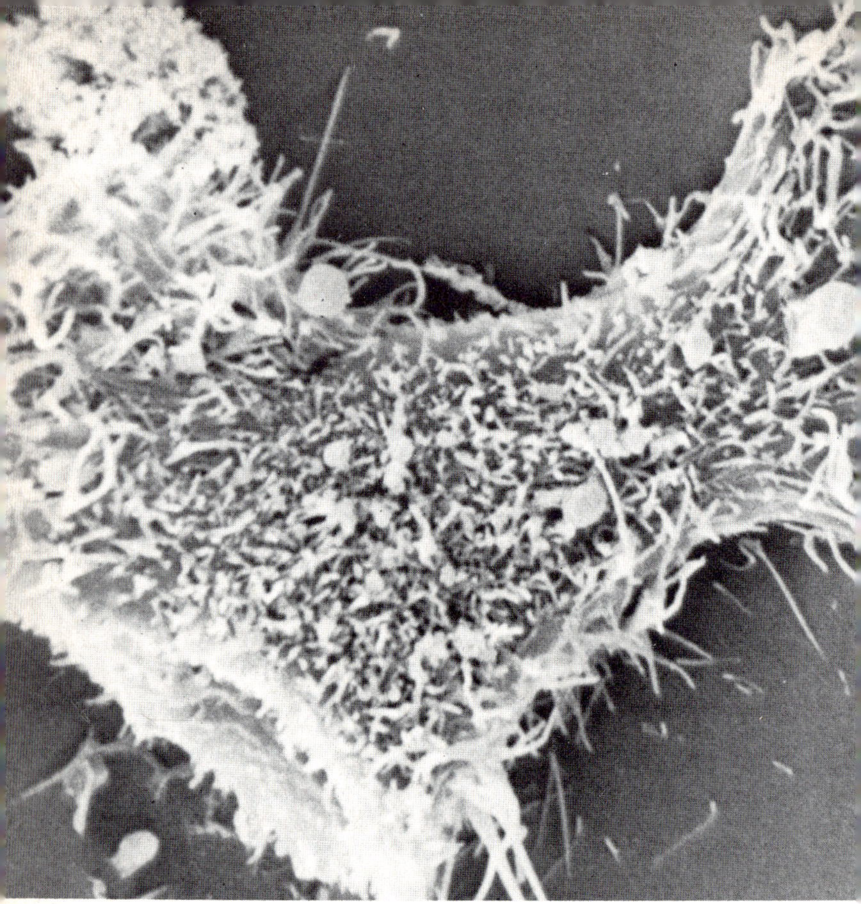

69 HeLa-Krebszelle, aufgenommen mit einem Rasterelektronenmikroskop. Ihre Gefährlichkeit liegt in ihrer ungezügelten Teilungswut.

zu teilen. Bis hierher nichts Besonderes. Doch HeLa-Zellen hören nicht wieder auf, sich zu teilen, sie verdoppeln und vermehren sich unentwegt, solange man sie gewähren läßt. HeLa-Zellen sind – im Prinzip jedenfalls – unsterblich. Aber sie haben den Menschen, dem sie einst gehörten, umgebracht: Es sind Krebszellen (Abb. 69).

Ihre eigenartige Bezeichnung HeLa leitet sich ab vom Namen ihres Opfers, der lange Zeit aus verständlichen Gründen verschwiegen wurde. Heute weiß man, daß es sich um *He*nrietta *La*x handelte. Henrietta Lax starb 1951 im Alter von 31 Jahren an Gebärmutterhalskrebs. Zellen ihres Tumors aber leben in Zellkulturen fort und teilen sich bis heute ungehemmt. Man schätzt die Gesamtmenge nachgewachsener HeLa-Zellen in allen Labors der Welt auf über eine Tonne. Und eben in dieser ungezügelten Teilungswut von Krebszellen liegt ihre Bösartigkeit. Sie dringen wuchernd in gesundes Gewebe ein, ohne dort, unspezialisiert wie sie sind, irgendeine Funktion zu übernehmen. Ihre Unsterblichkeit führt zur Zerstörung des Organismus, von dem sie selbst ein Teil sind. Unsterblichkeit ist tödlich.

Die Natur hat denn auch einigen Aufwand getrieben, um ihre Organismen altern und sterben zu lassen. Sie hat in jede einzelne Zelle einen Zählmechanismus eingebaut, der die Abfolge von Teilungsschritten registriert und der, wenn das Maß voll ist, die Zelle dazu bringt, ihren Betrieb einzustellen.

Was die Natur damit bezweckt, liegt, biologisch betrachtet, unmittelbar auf der Hand: Erst durch den Wechsel der Generationen konnte eine Höherentwicklung des Lebens stattfinden. Erst, indem eine Generation der nächsten, möglicherweise verbesserten Generation Platz machte, wurde Entwicklung möglich. In der Existenz des Todes liegt eine der Voraussetzungen, ohne die wir nicht hätten entstehen können.

Biochemischer Müll

Je mehr wir naturgegebene Gesetzmäßigkeiten und Bedingungen durchschauen, um so näher rückt die Möglichkeit gezielter künstlicher Eingriffe. Werden wir eines Tages auch die zellulären Mechanismen des Alterns beeinflussen können? Wie stehen die Chancen, unser Leben um ein gesundes, aktives Stück zu verlängern?

Die Antwort hängt davon ab, ob wir in irgendeiner Weise auf den Zählapparat in unseren Zellen einwirken können. Und hierzu müßte man wissen, wie er im einzelnen arbeitet, woran es liegt, daß die Teilungsschritte unserer Zellen begrenzt sind und wie die Zellen danach abgeschaltet werden.

In den letzten Jahren wurden vor allem drei Ansätze diskutiert, die das Phänomen der begrenzten Teilungsfähigkeit unserer Zellen erklären sollten. Der erste Ansatz knüpft an einen Unterschied von jungen und alten Zellen an, wie er unmittelbar am Mikroskop zu sehen ist. Junge Leberzellen beispielsweise zeigen eine durchgehend rote Färbung, während alte Leberzellen in auffallender Weise von bräunlichen Flecken durchsetzt sind, die man direkt als Alterspigment bezeichnet (Abb. 70, 71). Dabei handelt es sich um Abfallprodukte, die beim normalen Betrieb in den Zellen anfallen und sich mit zunehmendem Alter dort anhäufen. Besonders in so wichtigen Organen wie Gehirn, Herz, Leber, Niere oder Nervengewebe. Der Gedanke liegt nahe, daß dieses Alterspigment, das Lipofuscin, wie es die Zellforscher nennen, den Normalbetrieb der Zelle stören und ihren Stoffwechsel zunehmend blockieren könnte. Dann wäre es gewissermaßen der biochemische Müll in den Zellen, der ihre Lebensdauer und Teilungsfähigkeit begrenzt. Gerade in jüngster Zeit ist diese Theorie wieder sehr aktuell geworden, und sie führte bereits, wie wir noch sehen werden, zu ersten praktischen Konsequenzen.

Fehler oder Programm

Der zweite Ansatz, die sogenannte Fehlertheorie, geht davon aus, daß eine zunehmende Fehlerquote im Erbmaterial die Zellen schließlich altern und sterben läßt. Möglichkeiten, wie sich solche Baufehler einschleichen können, gibt es genug – ja, sie lassen sich gar nicht vermeiden. Bei jeder Zellverdoppelung muß auch das Erbmaterial, die DNS, verdoppelt werden, das heißt, die aus Milliarden von Atomen bestehenden Erbmoleküle müssen exakt und identisch kopiert werden. Wenn hierbei Fehler unterlaufen, werden sie bei der nächsten Teilung mitkopiert, zuzüglich neuer Fehler, die möglicherweise auftreten. Die Fehler summieren sich und beginnen schließlich, die Zellen zu schädigen.

Als weitere Fehlerquelle kommt das ständige Bombardement energiereicher Strahlung in Betracht, dem sich kein Lebewesen entziehen kann. Die stets vorhandene Radioaktivität des Erdbodens und die Höhenstrahlung aus dem Weltraum wirken auf unsere Erbmoleküle wie Geschosse. Wo sie auf die DNS einschlagen, werden diese zerstört oder abgeändert. Das braucht nicht unbedingt bleibenden Schaden anzurichten, denn jede Zelle verfügt, ebenfalls von der DNS gesteuert, über Reparatursysteme. Sie können in der Regel das verletzte DNS-Segment herausschneiden und es durch ein neues ersetzen. Erst wenn diese Reparaturmechanismen selbst getroffen sind und ihrer Arbeit nicht mehr genügend nachkommen, häufen sich die Schadstellen im Erbmaterial, und die Zahl der Mutationen nimmt zu.

Sind davon die Geschlechtszellen betroffen, so hat dies bekanntlich Konsequenzen für die Nachkommen, aber auch normale Körperzellen sind auf intakte DNS angewiesen, andernfalls können die zahllosen chemischen Substanzen, die eine Zelle fortlaufend erzeugt und verbraucht, nicht mehr fehlerfrei hergestellt werden. Nach der Fehlertheorie wären Altern und Tod der Zellen die Folgen.

Als Stütze für diese Theorie lassen sich Beobachtungen an Mäusen

Rechte Seite

70 Leberzellen eines 25- bis 30jährigen. Sie zeigen noch keine Schlackenstoffe.

71 Die Leberzellen eines 65- bis 70jährigen dagegen sind auffallend mit bräunlichgelbem Alterspigment, dem sogenannten Lipofuscin durchsetzt.

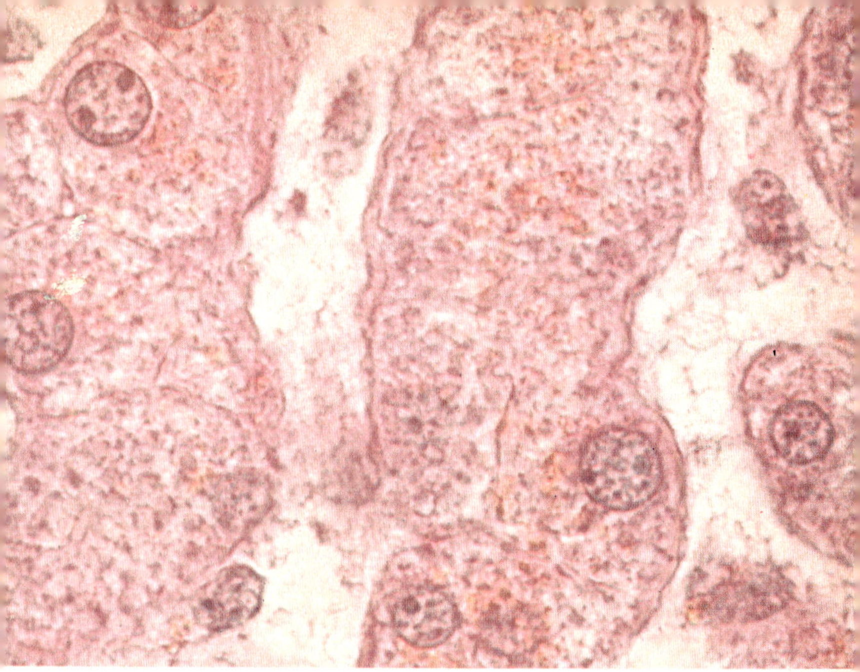

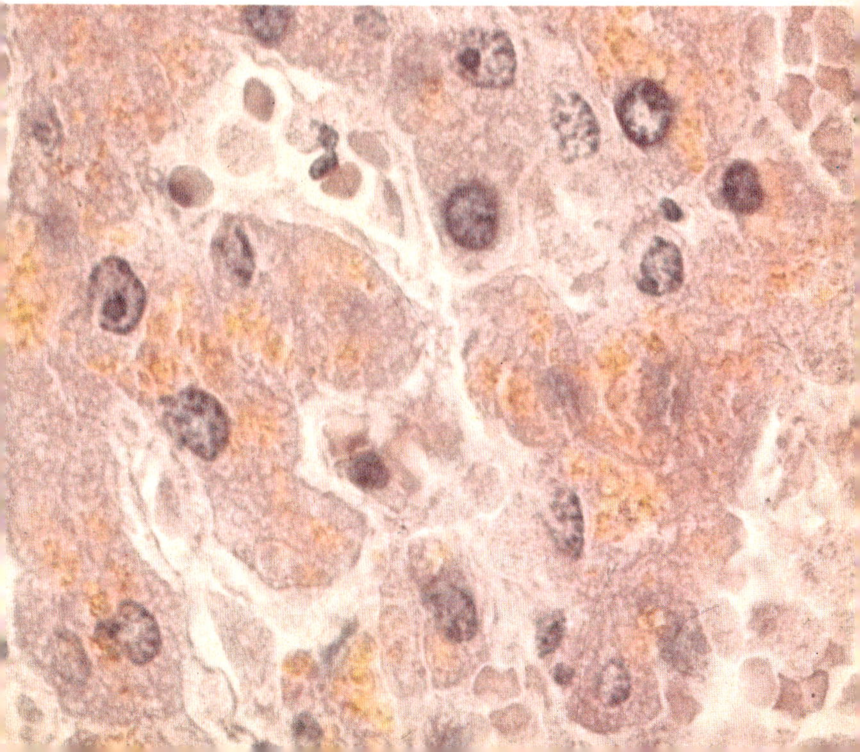

anführen, wie sie beispielsweise in der Gesellschaft für Strahlen- und Umweltforschung bei München vorgenommen wurden. Bei den im Prinzip einfachen, aber sehr aufwendigen Experimenten setzte man die Mäuse genau definierten Strahlungsmengen aus und hielt sie dann für den Rest ihres Lebens in fast sterilen Käfigen, um Infektionskrankheiten möglichst zu vermeiden. Ein Vergleich mit unbestrahlten Kontrolltieren ergab tatsächlich, daß die Mäuse um so kürzer lebten, je länger sie bestrahlt worden waren.

Der dritte Ansatz zur Klärung des zellulären Alterns besteht in der sogenannten Programmtheorie. Danach sind es keine äußeren Faktoren wie Strahlung und auch keine inneren Faktoren wie die Anhäufung von Alterspigment, sondern es ist das genetische Programm selbst, was das Altern einleitet und bis zum Tod weiterführt. So wie jede unserer Entwicklungsphasen – das Stadium im Mutterleib, die Reifezeit und die Erwachsenenentwicklung – nach einem genetisch festgelegten Plan abläuft, so ist auch das Altern vorprogrammiert und im Erbgut verankert. Altern und Tod der Zellen erfolgt durch gezieltes Abschalten bestimmter Gene.

Alterspigmente, Fehler, genetisches Programm – drei verschiedene Vorstellungen über die Ursachen des Alterns. Welche ist richtig?

Eingriff in die Teilungsuhr

In jüngster Zeit scheint tatsächlich die Entscheidung gefallen zu sein. Aber es ist eine Entscheidung, die geradezu als symptomatisch für die moderne Biologie angesehen werden muß: Keine der drei genannten Theorien wurde wirklich ausgeschlossen, sondern alle drei behielten ihre Gültigkeit im Rahmen eines umfassenderen Konzeptes. Die Natur scheint sich mehr an das flexible Prinzip des Sowohl-als-Auch zu halten als an das harte Entweder-Oder.

Der Zellbiologe Klaus Bayreuther und seine Mitarbeiter von der Universität Hohenheim stellten in langen Versuchsreihen fest, daß Zellen tatsächlich nach einem genetischen Programm alt werden. Er konnte sogar drei Stufen unterscheiden, nach denen dieses Programm grundsätzlich abläuft: In ihrer Jugend besitzen die Zellen noch hohe Teilungsfähigkeit, dann schalten sie spontan um auf mittlere Teilungsfähigkeit und schließlich auf niedrige Teilungsfähigkeit, womit sie zu alten Zellen geworden sind.

In diesen drei Lebensabschnitten unterscheiden sich die Zellen gründlich – nicht nur in ihrer Teilungsfähigkeit, zum Beispiel auch in der Proteinherstellung und sogar im Aussehen. Kein Problem, sie in einer Zellkultur auseinanderzuhalten.

Woher aber wissen unsere Zellen, wann sie ihr Programm umschalten müssen? Diese Zeitpunkte sind Teil des allgemeinen Zeitplans, nach dem sich unser Körper entwickelt, und sie sind letztlich auch im Erbmaterial niedergeschrieben. Aber – und hier wird die Geschichte interessant – diese Zeitpunkte liegen nicht unverrückbar fest. Das Umschalten der Zellen von einer Stufe zur nächsten kann durch äußere Einwirkungen beschleunigt oder verzögert werden.

Bestrahlt man beispielsweise Bindegewebszellen der menschlichen Haut mit UV-Licht, so werden die drei Lebensabschnitte der Zellen beschleunigt durchlaufen. Die Zellen altern schneller. Offenbar beeinflußt die Mutationsrate – wie es schon die Fehlertheorie annahm – den Ablauf des zellulären Alterns.

Aber auch die Bedeutung des Alterspigments konnte Bayreuther nachweisen. Sein Trick bestand darin, daß er einen Weg fand, die Anhäufung des biochemischen Mülls in den Zellen zu reduzieren, und zwar mit der Substanz Centrophenoxin. Nachweislich sammelt sich in mit Centrophenoxin behandelten Zellen weniger Alterspigment an. Und die Folgen sind ziemlich spektakulär: Die Zellen schalten später um. Ihr dreistufiges Alterungsprogramm läuft verzögert ab.

Eindeutig zum Beispiel bei Gehirnzellen, die in der Zellkultur nur 15 Teilungen durchführen. Dank Centrophenoxin schaffen sie aber 22 Teilungen – eine Steigerung von fast 50 Prozent! Ist Centrophenoxin eine Schlüsselsubstanz zur Verlängerung unseres Lebens? Immerhin fielen Experimente mit Tieren sehr erfolgversprechend aus: Erdwürmer, Fruchtfliegen, Mäuse und Ratten, die mit Centrophenoxin behandelt wurden, sammelten in ihren Organen weniger Alterspigment an, und tatsächlich stieg ihre Lebenserwartung dadurch um 30 bis 40 Prozent.

Taugt das Lebenselixier auch für den Menschen? Centrophenoxin ist für die Mediziner keine Neuerscheinung. Als Wirkstoff in Medikamenten, die bei Ernährungsstörungen des Gehirns verschrieben werden, ist es seit Jahren auf dem Markt. Doch von seiner zellreinigenden und möglicherweise lebensverlängernden Wirkung ahnte man bislang nichts, und auch zum gegenwärtigen Zeitpunkt kann niemand sagen, ob sich die Erfolge von Mäusen auf Menschen übertragen lassen. Hierzu wären Langzeitversuche nötig, bei denen Menschen über Jahrzehnte hinweg mit Centrophenoxin behandelt werden. Wer will ausschließen, daß es dabei aber auch einmal zu Nebenwirkungen kommen könnte, die selbst den Vorzug eines längeren Lebens als nicht wünschenswert erscheinen lassen.

Grundsätzlich müßten diese Bedenken vor schädlichen Nebenwirkungen auch bei den 30 bis 40 Geriatrika gelten, die derzeit in den Apotheken feilgeboten werden. Doch die vielen »Altersbremsen« mit so wissenschaftlich klingenden Namen wie K. $H._3$ oder Gero-H_3-Aslan sind aus wissenschaftlicher Sicht so gut wie wirkungslos – sowohl was positive wie negative Effekte angeht. Als einziges hilft vielleicht der Glaube an die Lebensfreude, die Vitalität, die Konzentrations- und Regenerationsfähigkeit, und was sonst alles auf den Packungen verheißen wird. Geriatrika sind, so formulierte es ein Pharmakologe, das Geschäft mit der Angst, der Illusion und der medizinischen Ignoranz.

Noch berechtigter kann dies von jenen »Tiefkühl-Beerdigungen« behauptet werden, von denen anfangs die Rede war. Denn was für einzelne Zellen oder allenfalls für ein wechselwarmes primitives Tier zutrifft – daß der momentane biologische Zustand durch Tiefkühlung zu konservieren ist –, hat für den menschlichen Organismus als Ganzes mit Sicherheit keine Gültigkeit. Das hängt unter anderem mit unserer Größe zusammen. Es ist unmöglich, alle Zellen, Gewebe und Organe unseres Körpers gleichzeitig »auf einen Schlag« einzufrieren und in ihrer Funktion zu stoppen. Selbst beim Einbetten in Flüssig-Stickstoff werden die äußeren Gewebe zwangsläufig zuerst erfaßt. Damit aber gerät die Koordination des Organismus völlig durcheinander. Das entscheidende Zusammenspiel auf der Ebene der Zellen und Organe wird zwangsläufig zerstört. »Die werden sich wundern, wenn sie tot bleiben«, schrieb denn auch zynisch eine amerikanische Zeitung über die Tiefkühl-Toten.

Dennoch – so überraschend es klingen mag – könnte Tiefkühl-Konservierung dereinst das menschliche Leben verlängern – wenn auch auf andere Weise.

Tiefgekühlte Abwehrzellen

Bis ungefähr zum fünfzigsten Lebensjahr reift und wächst das Abwehrsystem unseres Körpers. Dann aber baut es schneller ab und altert früher als die meisten anderen Organe. Jene Lymphzellen beispielsweise, die Antikörper gegen eingedrungene Krankheitskeime bilden, werden im Alter unzuverlässig. Ebenso die andere Sorte von Lymphzellen, die kranke und alte Zellen aufspüren, um sie abzubauen. Auch sie büßen ihre Fähigkeit ein. Unsere Körperpolizei wird altersschwach und kann den Organismus nicht mehr ausreichend schützen und in Ordnung halten – eine unausweichliche Entwicklung, wie es scheint.

Da es sich bei den Lymphzellen aber um einzelne Zellen handelt, lassen sie sich, wie andere Zellen auch, tiefgekühlt über Jahre konservieren.

Und hier scheint sich eine faszinierende Möglichkeit zu eröffnen: Könnte man ein alterndes Immunsystem durch junge Lymphzellen auffrischen und regenerieren?

Wiederum gingen Mäuse mit gutem Erfolg voran. Man nahm jungen Mäusen einen Teil ihrer Lymphzellen, bewahrte sie in flüssigem Stickstoff auf und spritzte sie später alten Mäusen ein. Der Erfolg war durchschlagend: Mit ihrem wieder aktivierten Immunsystem lebten die alten Mäuse um 50 bis 100 Prozent länger.

An einigen amerikanischen Forschungsinstituten unternahm man bereits den nächsten Schritt. Man konservierte dort Lymphzellen von jüngeren Menschen, um später einmal ihrem alternden Immunsystem wieder auf die Beine zu helfen. Der große Vorzug einer solchen Behandlung läge darin, daß keine körperfremden Stoffe mitspielen: Ein Teil des eigenen Körpers bewahrt seine Jugend, um später nochmals einzuspringen! Aber noch ist es zu früh, um irgendwelche Ergebnisse vorweisen zu können.

Im Falle der Unsterblichkeit

Bei intensiver Forschung, so schätzen führende Wissenschaftler, müßte es gelingen, in den nächsten 30 Jahren das Lebensalter um 15 bis 20 aktive, gesunde Jahre zu steigern. So viel Spielraum läßt ihnen das genetische Programm, das den Teilungsverlauf und den Teilungsvorrat unserer Zellen festlegt. Am Programm selbst aber ist nicht zu rütteln. Und damit auch nicht am Phänomen des Alterns und des Todes.

Der Tod ist nicht Ausdruck einer abgewirtschafteten, verbrauchten und verschlissenen Lebensmaschine. Der Tod ist, wenn man sich die zellulären Vorgänge vor Augen hält, eine aktive Leistung, sozusagen die letzte Vorstellung im Programm. Unsterblichkeit ist nicht geboten.

Vielleicht aber muß dies, so paradox es scheint, sogar als Glück bezeichnet werden. Möglicherweise gehört Unsterblichkeit zu den Wünschen, deren Erfüllung wir gar nicht gewachsen wären. Wenn heute ein Mensch umkommt, durch Krankheit oder Unfall, so ist das unbezweifelbar eine Katastrophe, aber sie trifft immerhin einen Menschen, der ohnehin hätte sterben müssen. Nicht auszudenken, wie dasselbe Schicksal für uns als potentiell unsterbliche Menschen einzustufen wäre. Es könnte sein, daß wir es in dieser, mit so viel Risiken behafteten Welt vor Angst nicht mehr aushielten. Daß wir uns nicht einmal mehr trauen würden, das Haus zu verlassen, um über die Straße zu gehen.

Ergänzende und weiterführende Literatur

Gibt es ein Geheimnis der Pyramiden?

Lionel Casson und Redaktion der Time-Life-Bücher: Ägypten. New York 1971.
I. E. S. Edwards: Die ägyptischen Pyramiden. Wiesbaden 1967.
Kurt Mendelssohn: Das Rätsel der Pyramiden. Frankfurt/M. 1976.

Mehr als fünf Sinne

Stephen T. Emlen: The Stellar-Orientation System of a Migratory Bird. In: Scientific American, 8/1975, S. 102ff.
Finn Salomonsen: Vogelzug. München 1969.
Klaus Schmidt-Koenig/Jakob Kiepenheuer: Was bringt die Brieftauben nach Hause? In: Bild der Wissenschaft, 6/1978, S. 76ff.
Wolfgang und Roswitha Wiltschko: Die Bedeutung des Magnetkompasses für die Orientierung der Vögel. In: Journal für Ornithologie 117, Heft 3, 1976.

Dornröschen und der Saurier

Hoimar v. Ditfurth: Im Anfang war der Wasserstoff. Hamburg 1972, S. 281ff.; (dtv 1657).
H. Hensel: Temperaturregulation. In: Kurzgefaßtes Lehrbuch der Physiologie. Stuttgart 1973.
Björn Kurtén: Die Welt der Dinosaurier. München 1968.

Erdbeben – warum, wann und wo?

Nigel Calder: Erde – ruheloser Planet. Reinbek 1974.
Herbert W. Franke/Hans Dieter Heck: Die Erde kommt niemals zur Ruhe. In: Bild der Wissenschaft, 12/1976.
Walter Sullivan: Warum die Erde bebt. Frankfurt/M. 1977.
Hans Georg Wunderlich: Das neue Bild der Erde. Hamburg 1975; (dtv 1467).

Hatte Darwin recht?

Hoimar v. Ditfurth (Hrsg.): Evolution Bd. I u. Bd. II. Hamburg 1975 u. 1978.
Heinrich K. Erben: Die Entwicklung der Lebewesen. München, Zürich 1976.
Günter Osche: Evolution. Freiburg 1972.
Rupert Riedl: Die Strategie der Genesis. München, Zürich 1976.

Die Sterne lügen nicht

Joachim Herrmann: Das falsche Weltbild. Stuttgart 1962.
Alexander von Prónay: Die Sterne haben doch recht. Wien 1976.
Gerhard Zwerenz: Magie, Sternenglauben, Spiritismus. Frankfurt 1974.

Verständigung mit Tieren

Roger S. Fouts: Talking with Chimpanzees. In: Science Year, 1973, S. 34ff.
Walter Neuhaus: Gibt es Sprache bei Tieren? In: Naturwissenschaftliche Rundschau, 6/1968, S. 240ff.
Ann James and David Premack: Teaching Language to an Ape. In: Scientific American, 10/1972.
Duane M. Rumbaugh: Lana learns Language. In: Yerkes Newsletter, 5/1974.

Phantasie der Schöpfung

Lucien Gérardien: Natur als Vorbild. München 1968.
Werner Nachtigall: Phantasie der Schöpfung. Hamburg 1974.
Felix R. Paturi: Geniale Ingenieure der Natur. Düsseldorf 1974.
Ingo Rechenberg: Evolutionsstrategie. Stuttgart 1973.

Unsterblichkeit wird nicht geboten

Klaus Bayreuther: Der vorprogrammierte Tod. In: DFG-Mitteilungen, 2/1978.
Leonard Hayflick: Human Cells and Aging. In: Scientific American, 3/1968.
Albert Rosenfeld: Länger leben – Wunsch oder Alptraum. Stuttgart 1978.
Roswitha Schmid: Altern bei Säugtieren. In: Naturwissenschaftliche Rundschau, 5/1972.

Bildnachweis

Archivvorlage: 52, 59
Volker Arzt: 17, 31, 40, 41, 42, 44
Dr. R. Beste, Physiologisches Institut der Universität Marburg: 33, 34
Bildarchiv Foto Marburg: 6
Wolfgang Bruns, Hamburg: 1, 2, 4, 7, 9, 10, 11, 12, 14, 15, 20, 22, 27, 29, 30, 35, 36, 37, 38, 45, 46, 47, 48, 49, 54, 56, 58
f. a. c. (final art center), Hamburg: 8, 16, 18, 25, 26, 28, 32, 51 (nach Frederic A. Friedel), 55 (nach Archivvorlage), 57 (nach Archivvorlage)
Lothar Franzke, Eltville: 50
Dr. Georg Gerster, Zürich: 43
Wolf-Hinrich Groeneveld, Hamburg: 39 (Jörg Kühn), 68
Hirmer Fotoarchiv, München: 3, 5
Prof. Dr. med. Benno Kummer, Anatomisches Institut der Universität Köln (aus IL 6 Stuttgart): 60
Prof. Dr. Ulrich Maschwitz, Universität Frankfurt, Fachbereich Zoologie: 53
Dr. Hartmut Mitschke, Universitäts-Krankenhaus Hamburg-Eppendorf, Pathologisches Institut: 70, 71
Naturfotoarchiv Hans Pfletschinger, Ebersbach-Fils: 61
Prof. Dr. N. Paweletz, Deutsches Krebsforschungszentrum, Heidelberg: 69
Querschnitte-Archiv, Hamburg: 19, 21, 23, 24
Prof. Dr. Ingo Rechenberg, Technische Universität Berlin: 62, 63, 64, 65, 66, 67
Prof. Dr. W. Schermuly, Hildesheim, Städtisches Krankenhaus: 13